きっと好きになる数学

JN103419

著者紹介
チェ・ジョンダム（ディメン）

世宗科学芸術英才学校数学科首席卒業（全体次席卒業）。
現在、カイスト（韓国科学技術院）計算学専攻　数学科副専攻。

・2020年　大統領科学奨学金受益
・2019年　大韓民国人材賞受賞
・AMC（アメリカ数学競技大会）上位2〜5％
・2018年　PUPC（プリンストン大学物理大会）銀賞
・台湾国際科学展覧会　韓国代表
・世宗ハッカソン大会　最優秀賞
・韓国言語学オリンピック　奨励賞

友だちと話しながら、数学もおもしろい「エピソード」が
つくれるんじゃないかという事実に気づき、オンラインで
数学の内容を書いた投稿を始めた。2021年を基準に総訪問
者数150万人の数学ブログとフェイスブックの「類似数学
探知機」を運営しながら活動する"ディメン"という名で
この本に登場する。ディメンが本体で、チェ・ジョンダム
はディメンが操る肉体ではないかと思っている。数学と言
語学、哲学が好きで、大半の時間は読書をしたり、散歩を
したり、大福を食べている。バッハ好きだと思っていただ
ければ十分である。

訳者紹介
小林夏希

翻訳家。1986年、福岡県生まれの2児の母。韓国留学を経
て韓国企業に就職した後、福岡にてスタートアップ企業や
ゲーム企業の翻訳、ウェブ漫画の翻訳など様々な分野で翻
訳家として活動している。現在は、韓国京畿道始興市に在
住。主な翻訳書に『ペク先生のやみつき韓国ごはん』シリ
ーズ（小学館クリエイティブ）がある。

高校生が書いた
きっと好きになる数学

**複雑な計算なしに
図とストーリーで
数学を理解する
頭をつくる本**

チェ・ジョンダム
(ディメン)著

小林夏希 訳

発売＝小学館　　発行＝小学館クリエイティブ

監修の言葉

無作法な数学ストーリーテラーの けしからん数学本！

　この本は無作法だ。「やることなすこと、口癖も悪くてなってない」という言葉がこの本には最もしっくりくる。数学を扱う著者の腕前と考えは、そこらで出回っている数学の教養本では絶対に知りうることができない。いかなる規則もなしに「ああだこうだ」と文章を進め、まったく関係のない数学理論をむやみやたらに導入しているように見えるが、読めば読むほど数学の深みのある姿と向き合わせてくれる。すべての数学の内容がまるで経糸と緯糸のように精巧に絡み合っているためだ。非常に創造的で融合的であることは間違いない。

　読者はこの本を読みながら時々ためらうかもしれない。「一体、今私は何を読んでいるのだろう？」と。でも忍耐力で読み続けると著者が広げていくストーリーがだんだん1つに集まってくることに気づくだろう。まるで広い海へ巨大な網を投げた後、徐々に引きながら魚を捕らえるように、著者は巨大な数学の網を海に投げた後、数学の魅力で読者をひきつける。

事実、この本の原稿を検討してほしいという依頼を受けたときも「大学生が書いたものだから修正が必要な部分が多いんだろう？」と膨大な検討内容をどうやって整理するか迷った。しかし、そんな私の考えは原稿の最初のページを読んだ瞬間、杞憂だったことを認めるしかなかった。文章はまるで数学の世界を探検するために打ち上げられた宇宙船のように、数学の様々な惑星を滑らかに進み、数学に関する著者の思いまでみごとに知ることができた。数学に関する教養本をかなりたくさん書いてきたと自負している私でさえも、「どうして私はこのように考え、説明できなかったのだろう？」と自責まで感じるほどの明解な説明と、おもしろく描かれた図が添えられていて内容を一気に読み取ることができた。

　この文章をすべて読んだ後に最初に感じたのは、冒頭で言ったような「無作法」だった。そして呼吸を整えてから監修の文章を書こうとすると、まるで出されたコース料理をおいしく食べた後の満足感のような感じだった。全4部で成り立っているストーリーは簡単な飲み物から始まり、前菜、シェフの真心がこもったメイン料理を経て、甘いデザートまで本当に幸せで満足できるコース料理をもてなされたような気分だった。だから、読者のみなさんにもこの洗練されたコース料理を強くお勧めしたい。

　世界で数学料理をこんなにおいしく作れるシェフは多くはいない。それもまだ若い数学者が、容易ではない料理材料をこれほどの文章と内容で料理できることは非常に驚くべきことだ。これからの著者のまた違う著作を期待できるほどの立派な本で、私にはこの本

をお勧めしたいという言葉以外見つからない。

　だから私は、この本がどんな内容なのかということを説明して、ネタばらしのようにならないことを願う。ただ、著者の言葉通り、第1部では主に数学の言語を規定して、第2部では数学の力を通じて高次元や無限など現実を超越する概念を取り上げ、第3部ではこのような論理的推論を様々な問題に適用し、第4部は実生活に適用する内容だということだけ紹介しよう。

　断言するが、読者のみなさんがこの本を読んだ後、すごい数学ストーリーテラーが彗星のように登場したことに気づくと同時に、まだ若い数学者が新しい時代のドアを開ける瞬間に居合わせるような感覚を味わうだろう。その瞬間を楽しんでほしい。

　　　　　　　　イ・グァンヨン（『数学、人文で数字を読む』著者）

目次

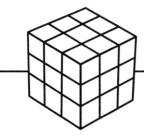

第2部　自由な雲が浮かぶ数学の野原

1.　次元の限界を数学で超える

2.　無限を超え、さらなる無限な無限へ

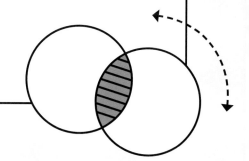

第3部　宝物が隠れている数学の森

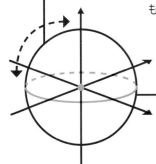

第4部　数学の目で見る世界

数学に対する誤解

今からでも数学に出会わなければいけない理由

こんにちは!

こんにちは。お会いできて嬉しいです!　僕は数学と言語学、そしてコーディングが好きな大学生です。この3つの学問から感じたこと、それは中学生の頃から論理的思考を求める学問が好きだった

ということでした。答えを覚える学問より、答えを探し出す学問のほうがおもしろかったのです。長く悩んだ末に正解を当てたときの嬉しさは、ほかの学問とは比べものにならないものでした。趣味は、パソコンでデザインをするのが好きです。このような趣味と学問の趣向が相まって、フェイスブックとtistoryなどに数学や言語学、コーディング関連のコンテンツをアップし始めました。なかでも数学が特に好きで、「ディメン」という名前でフェイスブックのページ「類似数学探知機」を管理しています（この本でみなさんを引っ張っていく主人公の名前がディメンである理由です）。「至誠天に通ず」と言いますが、運良く本まで出すことができました。

　数学はどんな学問でしょうか？　どの学校でも数学を勉強しますが、数学がどのような学問かを正確に理解している人は、ほとんどいません。多くの人が、数学は数字を計算する学問だと誤解しています。この誤解は、明らかにメディアから生まれるものです。映画やドラマに出てくる数学の天才の多くは、複雑な計算式をあっという間にこなす人間コンピューターのように描かれます。彼らはバスケットボールを投げる前に、頭の中でボールの質量と重力加速度などを計算し、完璧な3ポイントシュートを成功させます。しかし数学者たちが計算が得意という考えは、ピアニストがピアノをうまく作れると考えるのと同じくらい大きな誤解です。むしろ純粋な数学は、自然科学の中で計算が最も必要のない分野の1つなのです。

　この誤解のため、人々は数学を退屈な計算と難しい数字のたくさんつまった学問と思い、避けて通るようになります。とても残念で

す。数学は決してそんな学問ではありません。ですから、この本には複雑な数字や計算は出てきません。

　数学についてのもう1つの誤解は、数学が実用性のための学問だというものです。まったく違うわけではありませんが、数学の核心価値とは遠い話です。もし誰かが「読書は語彙力を高めるための活動だ」と主張したなら、「それは違う！」と思うでしょう。もちろん、読書を通して語彙力を高めることはできます。けれども、大半の人が語彙力を高めるために読書をするわけではありません。語彙力を高めるためなら、辞典を見たり漢字の勉強をしたりするほうがいいですよね。読書が好きな人たちは人文的な思考力を受けたり、想像の中の世界に入りこんだり、教養を身につけたりするために本を開くのです。

　数学が実用性のための学問だという考えもこれに似ています。もちろん数学にも実用的な部分はあります。しかし、大半の数学、特に近現代数学の関心事は、現実とはとてもかけ離れています。現在、数学界では世界のすべての対称性を分類するプロジェクトが盛んです。特に有限単純群を「18の類型と26の散在型」として完全に分類した業績は21世紀の数学の最大の快挙です。この快挙は数学的にはすごいことですが、半導体やワクチンの技術と同じような21世紀の科学の業績に比べると、みじめなほど人類の便益にはなんの助けにもなりません。もちろん、このような純粋数学についての支援はほかの理工系分野よりも常に不足しています。

　数学科では次のような自虐ギャグが飛び交うほどです。

次の中で残りの３つといちばん違うものは？

（A）数理生物学博士号
（B）純粋数学博士号
（C）統計学博士号
（D）大きなペパローニピザ

正解(B)－残りの３つは４人家族を養うことができる。

　数学がお金も稼げず実用的でもないなら、どうして多くの人が情熱をもって数学を研究するのでしょうか？　なぜ僕たちは数学に出会わなければいけないのでしょうか？　これは明らかに、多くの短所を越えるほど大きな魅力と価値が数学にあるということです。この本は、まさに数学の魅力と価値を証明するためのものなのです。

芸術が美しいように数学も美しい

　よく、芸術は美しいといいますよね。みなさんも本当にそう思いますか？　たしかに僕たちは、音楽の時間にバッハの協奏曲の偉大さについて学びます。けれども、実際に聴いていると少し眠くなります。美術も同じです。ピカソが偉大な画家といいますが、美術館でガイドの説明を聞く前なら、高校美術大会での受賞作のほうがもっと素晴らしく感じます。それにガイドの説明を聞いても、その価値を完璧に理解できません。残念なことに芸術の真の美しさは、長い間芸術を鑑賞してきた人ほど感じることができるものです。

数学も同じです。たしかに数学は美しいです。論理という武器だけで予想できない事実を発見し、まったく答えが見えなかった問題を解決したときのカタルシス、その瞬間こそ美しいと表現するにふさわしいでしょう。しかし、この美しさはまた、長い間数学を勉強してきた人ほどきちんと感じることができます。数学を勉強してなかった人にとっては、単なる「違う世界」の話に過ぎません。

たとえ難しい芸術作品の美しさは理解できなくても、自分の心に響いた曲や小説、映画、絵などは大事にしていますよね。同様に、数学のすべての美しさが理解できなくても、いくつかの簡単な話を通じて数学の美しさを感じることができます。この本は、数学の論理がどのような流れになるのかを楽しめるようにしました。この本を閉じたとき、みなさんの心の中に感動的だった数学的議論が1つでも残っていることを願います。

芸術が人文学的感受性を養うように、数学は論理的感受性を養う

ただ「美しい」ということ以外にも、芸術を知らなければならない理由があります。人文学的感受性を養う芸術は、僕たち自身の人生を理解して他人の人生を理解し、社会が進むべき方向を考えさせてくれます。このような人文学的感受性は知らないうちに僕たちの生活の中に溶け込んでいて、より健康で幸せに、人間らしい生き方ができるように助けてくれます。

数学はどうでしょうか？ 芸術が人文学的感受性を養うならば数学は論理的感受性を育てます。与えられた真実から新しい真実を推

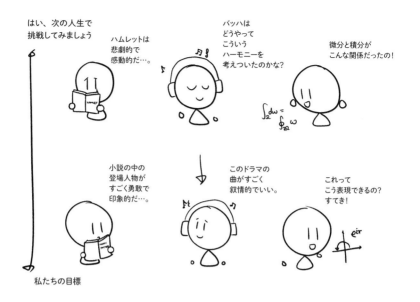

論する能力、複数の概念から関連性を見つける能力、問題の核心を見抜きこれを解決するのに必要な条件を探し出す能力。このすべての能力が、数学を通じて僕たちが学びたいものです。

　三角関数を微分したら何が出てくるかは重要ではありません（もちろん試験を控えているならば知っておくべきですが、正直このようなものは、試験が終わったらすべて忘れてしまってもいいのです）。それはまるで小説の『デミアン』の登場人物の名前を覚えるようなものです。そんな知識よりももっと重要なのは、作品を通じて作家が伝えたいことが何なのかを理解して、それを自分自身の人生に照らし合わせることです。

　数学も同じです。公式そのものよりもどんな話の流れの中でこの論理が登場しているかを理解し、これを通じて論理的思考力を育て

ることが重要なのです。だから、この本はたくさんの公式を並べて説明するかわりに、図と話で論理の流れを追究することに集中しています。数字と公式に疲れたみなさんが、この本で数学の楽しさを感じていただけたら嬉しいです。

この本を貫く3つのテーマ

僕は、数学は厳密な論理に基づいて抽象的な真理を見つける学問だと思っています。この言葉で特に重要な3つの単語は、**厳密さ、抽象的、論理的**です。数学はその3つの特徴をすべて備えた、ほぼ唯一の学問です。(分析哲学を除く)哲学は論理的で抽象的ですが厳密ではなく、物理学は論理的で厳密ですが抽象的ではありません。なので、この3つの特徴に重点を置いて数学を紹介しました。各部の構成は次の通りです。

第1部では、数学の厳密さを証明することに焦点を当てます。第1部の初めに数学の言語を学び、これを活用して凹と凸をはじめとする日常的な単語を厳密に定義しています。このような定義がなぜ必要なのかは、凸状の図形に対しての推測を数学的に証明することで実感できると思います。一方、数学はラッセルのパラドックスやゲーデルの不完全

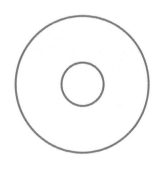

ドーナツは凹なのか凸なのか?

性定理と同じような限界がありますが、これについての話は第1部の後半部分にあります。

　第2部では、数学の抽象的な側面に注目します。抽象化とは、現実の中に存在する個々の対象を探求することから、さらに多くの対象を貫く構造とパターンを探す作業です。前に話した21世紀数学の最大の快挙が抽象化のいい例です。抽象化のもう1つの例として、高次元と無限があって、その多彩な話で第2部を埋めました。高次元、無限と同じような超現実的な対象は、直接触れたり実験したりはできず、ただ抽象的な思考を通してのみ探求することができます。それだけに、これらの話は驚くほどの発見と新しいおもしろさが詰まっています。

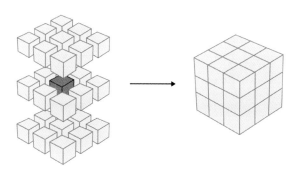

青色のキューブに触れずに
紫色のキューブを取り出せるかな?

　第3部では、数学の論理的な側面に光を当てます。ここで僕は、複雑な式や計算がなくても、みなさんに数学の美しさを見せる問題を選びました。これらの問題は、まるで森の中で宝物を探す旅のように構成されています。数学の森を抜けたら発見できる手がかり

が、問題を解く決定的な鍵として使えるときのときめきを、みなさんにも感じてもらえたらと思います。

最後の第4部では、数学の実用的な側面を照らします。数学のビジョンが人類の福祉の向上とかみ合っていないにもかかわらず、数学を研究する過程で発展した一部の概念は、数学だけでなくすべての学問を通じ、人類にとって有益な結果をもたらしました。特に17世紀後半に発見された微積分は、以前とは比べものにならないくらいに洗練された物理学と科学の道を開いてくれました。最後は応用数学に対する話とそれから始まる僕の価値観に対する話をまとめました。

コーヒーをすべての点が動くように
混ぜることができるかな?

これから数学という巨大で美しい話を始めたいと思います。この本を通じてこの世界を理解するもう1つの論理をつくってくれる「数学頭」ができあがるといいですね!

この本の始まりに先立ち、僕に数学の美しさを教えてくださった先生方に感謝の意を述べます。ともに数学の話をしながら、この本の構成に助言をくれた友人たちにも感謝の言葉を伝え、なによりも、僕が自由に望む通りの勉強を楽しめるようにサポートや応援をしてくれた両親に感謝します。僕がこの本を書くことができたのは、立派な両親のおかげです。

私は有用なことはなにもしなかった。私の研究結果は、世界の快適さのために直接的にも間接的にも、よくも悪くもまったく寄与しなかったし、今後もその可能性はまったくない。そして私が育てた数学者もやはり、彼らの研究結果は私の場合と同じくらい有用ではなかった。実用的な基準で判断するならば、私の数学者としての人生の価値は無である。完全に取るに足りないという評決から逃れうる可能性は、私には1つだけある。それは私が、創造する価値のあるものを創造したという点だ。私が何物かを創造したことは否定の余地がない。問題はその価値である。

　　　　　　　　　　　　　G.H.ハーディ（イギリスの数学者）

日本の読者のみなさんへ

　こんにちは！　ディメンです（안녕하세요! 디멘입니다.）。

　僕の本が日本語で翻訳されてとてもときめきます。僕は日本と個人的な縁があるので、もっとそんな気分がしますね。中学生のとき、言語学に興味を持ちまして新しい言語を学びたい気が向きました。それで選んだ言語が日本語でした。

　もしかして気づきましたか？　今までの日本語のテキストは僕が直接書いたのです。なので文法上の誤りがありましたなら翻訳家の方の間違いではなく、僕の間違いです。

　ここからは、翻訳の方の手をお借りしますので、もっとスムーズな文章になるかと思います。日本語を習って自信がついた僕は、日

本語の原書を読み始めました。その中には数学に関する本もありました。僕はその本があまりにもおもしろく、著者に頼りない日本語でファンレターを送りました。数日後、著者から「応援してくださってありがとうございます」というメッセージとともに「数学を愛する心には国境がありませんね」というお返事をいただきました。

そうです。数学の最大の魅力の1つは誰にも開いていることです。奴隷少年に幾何学を教えたソクラテス、女性というだけで冷遇を受けた数学者ネーターを惜しみなく支持したヒルベルト、植民地インド出身のラマヌジャンを大切にしたイギリスの数学者ハーディ。彼らの話は数学の美しさが人種、身分、性別、年齢を超えて、誰でも体験して共感できる人類の遺産であることを証明しました。

それだけではなく、数学は今この瞬間にも成長している有機体です。そして数学の世界に足を踏み出すすべての人は、その成長の過程に少なからず寄与します。木が成長するためには様々な要素が必要です。雨、土、太陽、風、1つ1つが力を合わせて鬱蒼とした大樹へ育てます。数学も同じです。

数学は、数学を研究する学者だけではなく、数学を教える先生、数学を学ぶ学生、数学について文を書く作家、その文を読む読者、自分が体験した数学の優雅さを友だちに楽しく話す人々、みんながいるから育ち続ける巨大な木です。この偉大な人類史的な好循環に寄与するということは誰でも経験できる幸運です。

僕も、学生時代に日本の数学作家さんにお世話になりましたから、今度はその循環を続けていきましょう。僕の本が日本のみなさんを優雅な数学の世界へ導く招待状になることを願います。

第 1 部

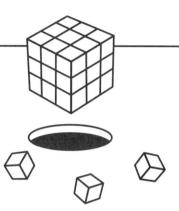

純粋な星が輝く
数学の夜空

数学の言語と文法

厳密さと明瞭さは数学の命

数学は、神が宇宙を書いた言語だ。

Mathematics is the language

in which God has written the universe.

　ガリレオ・ガリレイが数学について残した言葉です。ロマンチックですよね？　ガリレイも、数学という言語が後世の学者たちにとってどれほど精巧に発展するかなどは想像もつかなかったでしょう。今現在、数学は宇宙を記述する言語を越えて、人間のすべての論理的推論を書くことのできる言語へと発展しました。

　すべての言語は記号と文法で構成されています。英語はラテンアルファベット、韓国語はハングル、中国語は漢字という記号を使用します。この記号を各言語の文法に合うように配列すると文章が完

成します。同じように、数学もいくつかの記号と文法で構成されています。正確に言えば、数学はたったの**6つの記号**と**12の推論規則**、そして**適切に定義された公理系**で構成されている言語です[1]。

しかし、数学がほかの言語と区別される唯一の点は、日常生活で<u>互いのコミュニケーションのための言語</u>ではなく、論理的推論を記述するための言語だという点です。それから論理的推論を可能にするためには、すべての文章の真と偽をきちんと判別しなければいけません。一寸の曖昧さもあってはいけません。

これから、この合理的推論のために最も簡単に見分けられる凹と凸を見てみましょう。僕たちはみな、凹と凸がどんな意味をもっているかを客観的に知っています。左の図形は凹で、右は凸です。

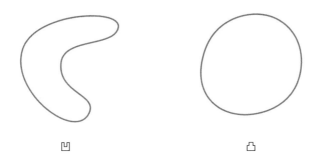

凹   凸

しかし、これに対する数学的な議論を始めたいのならば、凹と凸

1　たった6つの記号と12の推論規則によって数学が構成されているという説明には飛躍があります。一部の論理学分野では、さらに多くの記号を導入することもあります。この本ではこれから紹介する6つの記号だけを主に使います。

の意味を直観的に受け入れるのではなく、数学の言語を利用して明確な文章で定義しなければいけません。用語を明確に定義しなければ多くの曖昧な場合ができてしまい、論理的に誤りが発生してしまう余地が大きくなってしまいます。たとえばドーナツの場合を見てみましょう。

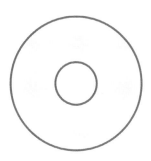

　みなさんはドーナツがどんな図形だと思いますか？　一見すると凸の形のように思えます。しかし、ドーナツの穴の中の観察者から見たら凹なんです。観察者の位置によって図形の凸と凹が違ってきます。ではドーナツは凹でしょうか？　凸でしょうか？

ドーナツの場合のように直観だけに頼ると、僕たちは論理的に相反する曖昧なケースに遭遇します。そしてこの曖昧さは、新しい数学的主張を展開するのに大きな障害となります。たとえば、ディメンが「凸の図形が重なる部分はいつも凸だ」と主張したとします。

　この主張は明確にできない定義が僕たちの足を引っ張る可能性がある例です。ドーナツが凸と判断するか、凹と判断するかによってディメンの主張は偽にもなりうるし、真にもなりえます。大半の場合ディメンの主張は合っています。以下のようにです。

ドーナツが凸の図形ならば、ほかの凸の図形と重なる部分もやはり凸でなければなりません（もちろんディメンの主張が正しければ、の話です）。しかし、下図のようにドーナツの穴を通るように楕円を描くと、重なる部分は凹になります。したがってこの場合、ドーナツが凸というディメンの主張は間違っています。

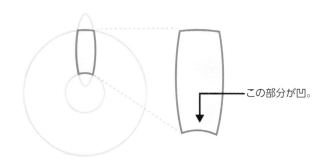

この部分が凹。

　ならば、ドーナツは凹の図形ということにしてみましょう。そうすればディメンの主張は正しいのでしょうか？　さあ、どうでしょう。これも確実に正しいとは言い難いです。もしディメンの主張が間違っていた場合、それを反証するのは難しくありません。2つの凸図形が凹状に重なるたった1つのケースを見つけるだけでいいからです。しかし、ディメンの主張が合っている場合、その事実を証明するのはかなり難しいです。この世界に存在する無数の凸図形に対して、ディメンの主張が成立することを示さなければいけないからです。単にいくつかの例を羅列するだけでは不十分なのです。汎宇宙的に成立するしかない論理を探し出さなければいけません。しかし、今の状況のように凸と凹の定義が曖昧なら、どんな論理もこ

の世界のすべての凸図形と凹図形を正しく分析することができません。

		ディメンの主張は	
		正しい	間違い
ドーナツが	凸だ		✓
	凹だ	はっきり答える根拠がない	

　このように直観にだけ頼る数学は、2つの問題を引き起こします。第1に、個人の主観的判断により、数学的主張が真でも偽でもありうる不確かな事実になってしまいます。第2に、ある数学的主張が真だということを証明することがとても難しくなります。

　この問題を解決するために、これから僕たちは3つの段階を踏みます。

　まず、数学の言語はどんな記号と文法で構成されているかを調べ、その言語に合わせて図形の凹と凸を明確に定義し、最後に明確な定義を整えてディメンの主張が合っているかを判断したいと思います。

　もちろん、直観も数学ではとても重要な役割を果たします。僕たちが凹と凸を明確に定義しようと試みを始めたのは、最初に凹と凸がどんなものなのか直観で知っていたからです。直観は数学者にインスピレーションを与え、これを明確な表現で記述して、より多様

な事実を論理的に明らかにしていきます。建築家が新しい建物を考えるときは直観に頼って考えますが、実際に建物を直観だけで建築すると半分もいかないうちに崩れてしまうでしょう。建築家は自分のインスピレーションを設計図に移し、すべての計算を終えてから次の工事を始めます。建築家と数学者がしていることはまったく違いますが、自分の直観を具体的かつ明確に記述することが核心であるという点では同じです。

数学の骨組みを形成する12の記号

　この世界には多くの色があります。しかし、すべての色は結局、三原色の適切な組み合わせで表現することができます。次の図の左の色は赤色（R）を42.1パーセント、緑色（G）を78.4パーセント、青色（B）を65.1パーセントの濃度に混ぜると作れます。右は左とまっ

R: 42.1%
G: 78.4%
B: 65.1%

R: 66.3%
G: 54.9%
B: 81.2%

たく違う色ですが、やはり赤色、緑色、青色の組み合わせで作られています。

　数学も同じです。数学には三角形、円、自然数、確率などの無数の概念があります。そして、これらの概念に関する定理も無数にあります。しかし、数学のほとんどの概念は、12の記号のみ使用して表現できます。12の論理記号は、数学者たちが明確な表現を確立するために慎重に選択したものです。12の論理記号は数学の部品のようなものです。それぞれの論理記号とその記号の意味は次の通りです。

　しかし、すべての部品が準備されていても、各部品の説明書がなければ特にできることがありませんよね？　だから数学者たちは各記号の説明書も準備しておきました。その説明書の名前は**一次論理**です。一次論理にはpが真かqが真なら$p \lor q$が真だ、などのような記号の使用法が詳しく記述されています（一次論理の詳しい説明はこの本の付録を参照してください）。

また は　　　　そして　　　いいえ (違う)　　…ならば

4つの論理演算子

すべて の　　　　どんな　　　　括弧　　　　　コンマ

2つの限定記号　　　　　　　文章符号

述語　　　　関数　　　　　変数　　　　　等号

2種の非論理記号　　　変数 (自由または従属)　　等号

　一次論理以外の説明書もあります。**二次論理**が代表的です[2]。一次論理と二次論理という難しい言葉で当惑してしまいますが、この本では深く扱いませんので心配はいりません。ただ数学は、主に

2　二次論理は一次論理と似ていますが「すべて」と「ある」を多様な状況で使用してもいいという点で区別されます。

12の論理記号のみを利用していて、この記号をうまく組み合わせれば、多様な数学的概念を得られるという事実だけを覚えていてください。

　あんなに難しくて複雑に見える数学が、たった12の記号で構成されているという事実に驚きませんか？　さらに、ほとんどの記号はそんなに難しい意味もありません。そして、または、どんな……。このような言葉は僕たちが日常でよく使う言葉です。しかし、これらの記号は僕たちが思う以上の力をもっています。

数学のすべての用語はすでに定義された
用語と論理記号のみで定義できます。

　僕たちはこの本で、12個の記号に∈（〜に属する）記号まで追加してみます。∈記号は「韓国∈アジア」のように含まれた関係を表すときに使います。この記号と論理記号の関係は、この本で説明するにはあまりにも面倒なので、残念ですが次に進みます（気になるなら数学科に来てください！）。

　さっき見た記号は覚えられたらいいのですが、覚えなくても大丈夫です。そして鋭い読者の方は、僕が途中で言葉を少し変えたことに気づいていらっしゃると思います。導入部では記号の個数が6つだと言いましたが、実際に紹介した記号は12です。これに対しての詳しい話も、論理記号に対しての説明とともに付録で紹介しています。

論理記号で凹と凸を表現してみよう

　それでは、論理記号で凹と凸を表現してみましょう。そのために、先に「凹」の本質を把握しなければなりません。まず、代表的な凹の図形と凸の図形を見てみましょう。

凹　　　　　　　　　　　　　　　　凸

　なぜ僕たちは左が凹で右が凸だと思うのでしょうか？　ほとんどが左の図形は上下が飛び出ていて、その間が中に凹んでいるので凹だと思います。反対に、右の図形は飛び出ている部分がありません。この事実を総合したとき、多分上下に飛び出ている部分が図形に凹みを与えているようです。

しかし、「上下に飛び出ている領域」という言葉は未だ曖昧です。どこからどこまでが「上下に飛び出ている領域」なのか曖昧だからです。この領域をより具体的に扱うことができる1つの方法は「上下に飛び出た領域」をそれぞれ1つの点で代表して表すことです。「大韓民国の意見」はとても曖昧な表現ですが、「大統領の意見」は明確な意見であるように、僕たちも図の中で黄色の丸をつけた領域をそれぞれたった1つの点xとyで代表してみましょう。

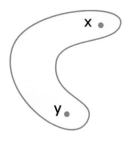

僕たちがしなければいけないことは、2点の間に凹んだ領域があることを表現することです。ここで奇抜なアイデアが登場します。「2点の間に凹んだ領域がある」ということは、逆に考えると、「2点の間に空間がある」ということです。2点の間をさらに具体化すれば、2点を結ぶ線分として考えられます。つまり、凹図形の特徴は**「ある2点を結ぶ線分が図形の外を通る」**ということです。これが凹を定義する核心です！

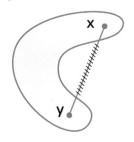

凹図形の場合、2点を適切に結ぶと、この2点に続く線分が図形の外に出ることになります。しかし、凸の図形はどこの2点を結んでみたところで線分が図形の外に出ません。

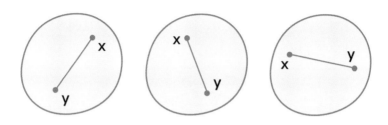

　この結果をきちんと論理記号で説明すると次のようになります。Sは与えられた図形を、$L(x, y)$は2点xとyを結ぶ線分を意味します。

凸の定義

図形の内側にある2点を結ぶ線分がすべて図形の中にある場合、その図形は凸である。

$$\forall x \forall y[x, y \in S]L(x, y) \subset S\,^3$$

凹の定義

凸でない図形は凹である。

$$\neg[\forall x \forall y[x, y \in S]L(x, y) \subset S]$$

　なんて明瞭で美しい定義でしょうか？　ただ抽象的でしかなかっ

3　$A \subset B$はAがBの部分集合を意味します。⊂記号は前述の記号ではありませんが、∈記号と∀記号を使用して定義できます。

た凸と凹の概念を「図形の外に出る線分の有無」で具体化しました。これで、僕たちは図形の凹と凸を明確に判断できる力がつきました。僕たちを惑わせていたドーナツも、これからはなんてことありません。見てみると、ドーナツが上と下に点をとった場合は線分が図形の外を通ります。つまり、数学的にドーナツは凹の図形になります！

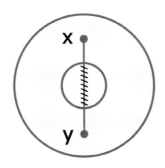

　ここで2つ指摘する点があります。まず、数学では「凹図形」という表現のかわりに「凸でない図形」という表現を勧めます。数学で定義する凹と僕たちの直観的な凹は違和感が大きいからです。この本では「凹図形」という表現と「凸でない図形」という表現を混ぜて使います。

　第2に読者のみなさんの中には「え？　でも凸と凹の定義なのに『内部』、『図形』、『線分』、『点』とかの論理記号ではない単語がたくさん含まれているけど？」と疑問を抱くかもしれません。その通りなのですが、この用語はすでに論理記号としてよく定義されています（これに関しては後で説明します）。

凸の厳密な定義を足がかりにドーナツだけでなく、多少曖昧な図形の凸性も判別できます。次の図形は凸でしょうか？　違うでしょうか？　みなさんが先に考えてみて、付録（→391ページ）で正解を確認してください。

---

1. 星
2. 無限の平面
3. 直線
4. 四角形の枠
5. 点線（途中途中で切れている直線）
6. 空集合（なにもない図形）

果たしてディメンの主張は合っていたのでしょうか？

凸と凹の明確な定義がわかったので、これから僕たちは、この世界のすべての凸図形と凹図形を分類できるくらい強い論理を繰り広げることができます。もう一度ディメンの主張を思い出してみましょう。

ディメンの主張：2つの凸図形が重なる部分は常に凸である。

凸図形AとBがあるとします。そしてこれらが重なる部分をCとします。もし、Cに属する2つの点と点を結ぶ線分がCの中に属し

ていたらCは凸図形です。この事実を確認することが僕らの目標です。

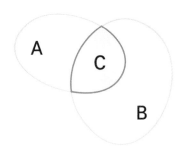

　Cの中にある2点をxとyとします。CはAとBが重なる部分なのでxとyはAに属する点でもあります。しかし、Aは凸図形なので、xとyをつなぐ線分は必ずAに属します。同じ論理でxとyをつなぐ線分はBにも属します。xとyをつなぐ線分はAにも属し、Bにも属するので、この線分はAとBの共通領域、つまりCに必ず属します。

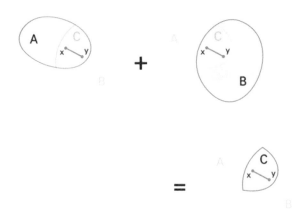

僕たちは最初にCの中にある2つのランダムな点xとyを取りました。しかし、この2点を結んだ線分が、Cに属するしかないことを確認しました。したがってCは凸の図形です。ディメンの主張は正しかったのです！

		ディメンの主張は	
		正しい	間違っている
ドーナツは	凸だ		√
	凹だ	√ （最も正しい結論）	

　抽象的な用語を厳密に定義して誤りの余地をなくし、論理の方向を提示することが数学の最もエレガントな役割ではないかと思います。そのため、数学がすべての学問のルーツだという、栄光の場をもつことができるのでしょう。難解で曖昧な現象の核心を明瞭に貫く力。これこそ数学の巨大な役割ではないでしょうか？

ストローの穴の数は
1つか、2つか?

ストローをもみもみ

　かつて、インターネットで熱く盛り上がった問題があります。それは「ストローの穴の数は1つか、2つか?」というものでした。インターネットではこんな意味のない話題でも熱狂してしまうものですよね?

　まず、ストローの穴の数が2つと主張する人は、飲み物が入る穴が1つ、飲み物が出る穴が1つあるので計2つだと言います。これに対して、ストローは長い1つの穴なので、穴の数は1つだと主張する人もいます。さらに、穴の個数は0個だと主張する人もいました。ストローは長方形をぐるぐるまわして作ったもので、キリのようなもので物体の壁面をあけたものではないので、穴はないと言うのです。驚くべきことに、この3つの主張すべてはある程度一理あるんです。

　ストローの穴の数に対する議論が起きる理由は、人によって考える穴の定義が少しずつ違うということにあります。それなら、穴の正しい定義はなんでしょうか？　言語学的観点からは、このような質問は無意味です。語彙は人によって考える定義が少しずつ違うものなので、どちらがいい、と言うのは難しいのです。すべて正解なのです。しかし、数学的な観点では違います。すべての用語を明確に定義するのが好きな数学は、穴に対しても厳密な定義をもち、1つだけを正解とします。でも、数学でどのように穴を定義するかを知る前に、僕たちだけで論理的に近づいてみたいと思います。

　みなさんの前に粘土の塊があると仮定してみましょう。この粘土に新しい穴を作るにはどうすればいいでしょうか？　2つの方法があります。粘土の真ん中を掘るか、新しい粘土を加えて、「取っ手」を作るのです。

　逆に粘土を掘らず、新しい粘土を重ねずに穴を作ることはできません。言い換えれば、粘土をもみもみするだけでは新しい穴はできないということです。したがって、A型の粘土をもむだけでB型の

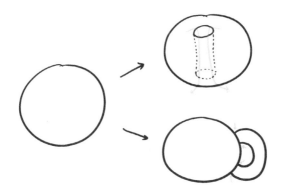

粘土を作れるなら、AとBの穴の数は同じだといえます。たとえば、コーヒーカップ型の粘土は、もみもみすれば穴が1つのドーナツ型の粘土に変えることができます。つまり、コーヒーカップの穴の個数は1つと言えるのです。

題名：トポロジー・ジョーク　キーナン・クレインとヘンリー・シガーマンによる

　同様に、ストローも適切な変形で穴の数を数えやすい形に変えるのがいいと思います。もしストローの穴が0ならば、ストローは球

に変えることができます。また、穴が1つならばドーナツになり、穴が2つなら8字型のドーナツに変えることができます。果たしてストローは、3つのうちのどの図形になるでしょうか？

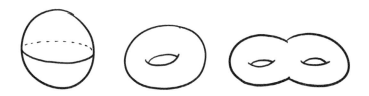

　正解はドーナツの形です。先にストローの一端を広くつかんで引いてラッパの形を作り、反対側の端を近くまでもってきてスピーカーの形を作ります。両端が同じ高さになるまでもってくるとストローはドーナツの形になります。したがって、ストローの穴の数は1つです！

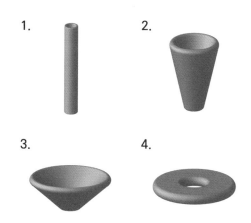

　上の図で、1と4の図形の穴の数が違うと主張するなら、正確にどの段階で穴が追加されたりなくなったりしたかを説明しなければ

なりません。しかし、1から2、2から3、3から4はすべて連続的な変換です。ある時点で突然穴ができたり、消えたりすることはありません。今までの過程を整理するならば、

1. A型の粘土に穴をあけたり、新しい粘土を重ねたり、既存の穴を埋めたりせずに、もむだけでB型に変えることができるなら、AとBの穴の数は同じだ。
2. 穴が0、1つ、2つの図形の標準をそれぞれ球、ドーナツ、8字型ドーナツと定める。
3. ストロー状の粘土をもみもみしながらドーナツ型を作れるので、ストローの穴の数は1つである。

　背景知識はすべて備わっているので、これまで話した概念、つまり穴の数ともみこむということを数学者たちがどのように厳密に定義したか見てみましょう。

穴の数の定義

　位相数学で穴の数に対応する概念は種数(genus)です[4]。種数の定義は次の通りです。

4　「種数」と「穴の数」は文脈上意味が似ていますが、同一概念ではありません。この本では教養のレベルとして近づきながら2つの表現を混用したいと思います。

　ああ、とりあえず言葉が難しいですよね。しかし、具体的な例を見たら簡単に理解できます。下図のように球形の図形はどのように切り取っても、2つに分けられます。

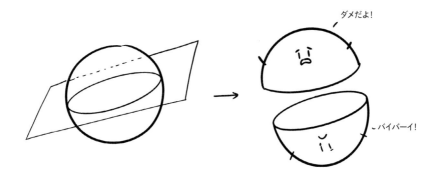

　しかしドーナツ型の場合、穴の間を切っても接続性は維持されます。ここでもう一度切れば2つに分けられます。

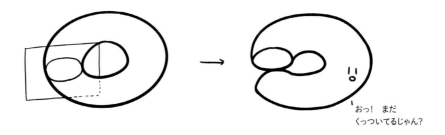

したがって、球形は最大0回の連結性を維持したまま切ることができ、ドーナツ型は最大1回連結性を維持したまま切ることができます。つまり、球は穴が0、ドーナツは穴が1つだと定義します。

　ならば、もう一度ストローを見てみましょう。下図のように側面に沿って長く切ると、ストローが長方形に広がりながら、まだ連結を維持します！　ここでもう一度切ると2つに分けられます。このようにストローは最大1回連結性を維持したまま切ることができるので、穴の数が1つであることを再度確認することができます（これなら反論不可ですよね）。

　ほかの図形も問題ありません。次ページの左側の輪が重なったような図形は、一見すると穴の数が2つなのか3つなのか、あるいは4つなのか混乱します。右側のズボンも穴が2つなのか3つなのか混乱しますよね。しかし、何回連結性を維持しながら与えられた図形を切ることができるか考えてみたら、穴の数を正確に判断することができます。答えは後ろにありますが、先に解いてみてください（ズボンのポケットはきちんと描こうと思ったのですが、ポケットまで考慮して穴の数を調べてみると問題がもっとおもしろくなりますよね！）。

メビウスの帯の穴の数は?

　今まで登場したストローは、下図の右ではなく左のような立体感のある姿でした。これは意図したものです。下の2つのストローは、位相数学的にはまったく違う図形です。左の立体感のあるストローは種数1の図形です。しかし右のストローは種数0の図形です。

　多くの人がこの事実を理解するのは難しいでしょう。なぜなら右のストローも下のように長く切って連結性を維持できるからです。

　しかし、位相数学ではこのように切ることは種数とは言いません。種数の定義を見直すと、「閉曲線で切らなければならない」という制限があります。これは、与えられた図形を切ったときにできる断面が一周できる経路でなければならないという意味です。今まで僕たちが見てきた種数1の図形は、この条件を満たしています。ドーナツを切ったときにできる断面は円であり、（立体感のある）スト

ローを長く切ったときにできる断面は長方形です。円も長方形もすべて一周できる経路で、閉曲線に該当します。

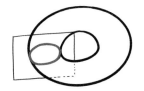

　しかし、厚みのないストローの場合、長く切ったときにできる断面は閉曲線ではなく直線です。したがって、これは種数として見なすことができません。現実のストローはわずかながら厚みをもっているので種数1ですが、数学の国に存在する厚さのないストローの種数は0です。ストローの穴が0だと主張した人には朗報ですね（このような理由で前のページのズボンを厚めに描かなければいけなかったけれど、図の実力不足で表現できなかった点はご理解ください）！

　ここで1つの疑問が生まれます。では、種数1の厚みのない図形は存在するのでしょうか？　これはかなり難しい質問です。みなさんが種数1の厚さのない図形を思い浮かべるほとんどの図形は、実は種数0になります。たとえば、下の3つの図形はすべて種数0です。

では、厚みのない図形の種数が1になることは不可能でしょうか？　驚くべきことに**メビウスの帯**が種数1の図形です。メビウスの帯は、以下のように紙を一度ねじって作った図形です。

　メビウスの帯は表と裏の区別がない、いろんな面で不思議な形です。メビウスの帯はどんな点から始まっても一直線に線を引くと、右上のようにあらゆるところで直線が描けます。表と裏の区別がないので可能なことです。しかし、これよりももっと不思議な性質があります。さっき書いた線をたどってメビウスの帯を切ると、驚くべきことに2つの部分ができるかわりに1つの長い帯ができます！

　このようにメビウスの帯は、閉曲線をたどってはさみを入れても連結性を維持します。しかしはさみを入れた後にできる長い帯は2回ねじれているので、これはメビウスの帯ではありません。ですからメビウスの帯は、最大1回連結性を維持したまま閉曲線をたど

って切れる種数1の図形です。メビウスの帯とドーナツの穴の数が
同じだなんて、数学の世界って本当に不思議ですよね？

「もみこむ」の定義

穴の定義は解決できたので、これから「もみこむ」について調べてみます。数学では「もみこむ」のかわりに**位相同型思想**という言葉を使います。

位相同型思想

位相同型思想は下記の2つの条件を満たす変換である。

1. 双方向に連続的だ。
2. 1対1の対応だ。

うーん…しかし、この定義は僕たちの疑問をまったく解決してはくれません。むしろもっと多くの疑問が湧いてきますね。双方向で連続的ということと、1対1対応というのはどういう意味でしょうか？

「双方向に連続的」という言葉の意味を調べる前に、まず連続的な変換という言葉の意味から見てみましょう。この意味を厳密に定義するために、僕たちが前に見た凹と凸のように、連続的な変換と不連続的な変換の代表的な例を見てみます。2つを詳しく見ることで、連続的な変換を定義するヒントをつかめるはずです。

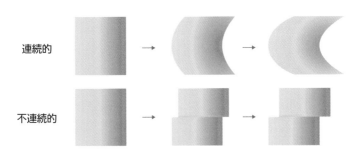

なぜ僕たちは2番目の変換が不連続的だと思うのでしょうか？その理由は、図形が2個の図形に分かれる部分と関連があります。

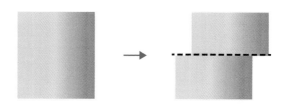

　上図の断層のせいで、僕たちはこの変換が不連続的と考えてしまいます。では、この断層が他の部分と区別されるのはなぜでしょうか？　それは断層にある点が周辺の点から分離されるということです。下図のように、断層の点を中心とした近傍（ある点に対してその点を含む開いた集合）は、変換後に2つのブロックに裂けてしまいます。

　この事実を厳密に解釈するために、まず連続的な変換の場合を見てみましょう。変換前の点xが変換後yになるとします。yを中心とする灰色の円を描いてみます。

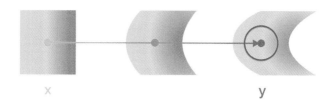

連続的な変換の場合、xを中心とする青色の円を小さく描くと、青色の円の変換（紫色）が灰色の円の中に入ります。

　灰色の円が下図のように小さくなればどうなるでしょうか？

　これもまた問題はありません。灰色の円の中に入るように青色の円の大きさも適切に小さくすればいいのですから。

　しかし、不連続的な変換の場合には話が違ってきます。不連続的

な変換の場合、灰色の円をある程度小さく描くと、

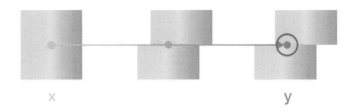

青色の円をどんなに小さくしても、紫色の円が灰色の円の中に入る
ことはできません。

　青色の円を小さくしても、紫色の円は上下に一定間隔だけ広がり
ます。もし灰色の円の半径がこの間隔よりも小さい場合、紫色の円
は無条件に灰色の円の外に出ます。

> **連続的変換**
>
> yを中心とする灰色の円がどんなに小さくても、xを中心とする青
> 色の円をある程度小さくすれば、青色の円の変換である紫色の円
> が灰色の円の中に入る。

これが、連続的変換を定義する核心的アイデアです。これは数学的にとても重要なアイデアであり、これを論理記号で明瞭に定義する論法では**イプシロン−デルタ論法**という名前もついています。

一方、「双方向に連続的」というのは、正変換と逆変換の両方が連続的であるという意味です。僕たちのレベルでは、連続と「双方向に連続的」が同じ意味だと考えても構いません。

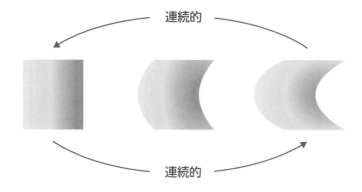

この次に登場する1対1対応とは、変換前と変換後の点がすべて唯一の対応でなければいけないという話です。言い換えれば、粘土の一部を取り除いたり新しい粘土をつけ加えたりすることはできないという意味です。

1対1対応ではない。　　　1対1対応ではない。　　　1対1対応だ。

　つまり、位相同型思想の最初の条件は、変換が起きるとき、すべ
ての点が自分の周りの点と一緒に動かなければならないという意味
です。そして2つ目の条件は、粘土をくっつけたり取ったりできな
いという意味です。位相同型思想は、僕たちが漠然ともっていた
「もみこむ」の概念を数学的に完璧に表現します。

　Aという図形が位相同型思想を通じて図形Bとして変わることが
できれば、図形AとBは**位相同型**となります。たとえばドーナツ、
ストロー、コーヒーカップはすべて位相同型です。**もし図形Aと図
形Bが位相同型ならばAとBの種数は同じです。**

　不思議じゃないですか？　位相同型と種数は定義する方法がまっ
たく違います。位相同型はイプシロン-デルタ論法で定義して、種
数は連結性を維持したまま最大何回図形を切れるかで定義します。
それにもかかわらず、位相同型と種数の間には**位相同型である図形
どうしは種数が同じ**だというすてきな関係が成立します。このよう
に、まったく違う場所で出発した2つの概念が1つの場所で出会う
ということは、数学でいちばん驚く瞬間の1つです。

　それでは位相同型思想は種数を保存しているかどうか確認してみ

ましょう。先ほどみなさんに2つの絡まった輪っかとズボンの穴の数を聞きました。では正解をお教えします。2つの図形はすべて種数2の図形です。下図のように切ると、連結性を維持できるんです。ズボンのポケットは種数になんの影響も与えません。ズボンのポケットは位相的には穴ではなく、単なる「へこんだ部分」だからです。これは紙コップを切るとき連結性を維持できないことに相当します。

そして位相同型思想は種数を保存するので、2つの図形は,ほとんどの場合種数2の図形と位相同型というわけです[5]。一度確認してみましょうか？　絡みあった輪の図形は巧妙な方法で穴2つのドーナツに変えることができます。

5　「ほとんどの場合」という表現をつけたのは、ドーナツとメビウスの帯のように種数が同一であるにもかかわらず位相同型ではなく奇形的な場合もあるからです。

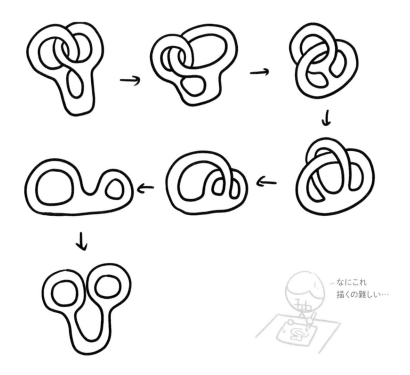

なにこれ
描くの難しい…

　ズボンも同じです。下図のようにズボンの厚さを膨らませると、ズボンが1の図形と位相同型であることがわかります（上の穴が腰が入る穴で、下の2つの穴から足が出ます）。そして1の図形は、下図でわかるように3の図形と位相同型です。

1　　　　　　　　2　　　　　　　　3

③
数学の塔
1階には公理がある

意味のない単語から意味をつくる方法

僕たちは、数学という言語と仲良くなるために凹と凸、穴、連続的変換などの概念を調べました。これから数学者たちがどのような方式で世界を定義するのか、感覚がつかめてくるはずです。

これから、もう少し深いところに入ってみます。数学の最も根本的な概念をどのように定義できるかについての質問です。先ほどの凹と凸の定義を例に挙げてみましょう。

> **凹と凸の定義**
> 図形の内側にある2点を結ぶ線分がすべて図形の中にある場合、その図形は凸である。また凸でない図形は凹である。

この定義はとてもすてきです。しかし、僕が先ほど「数学のすべ

ての言語は論理記号で構成されている」と言ったのに、この定義には線分、内側、点など論理記号ではない単語が含まれています。今までは「これらの単語も結局論理記号として表現できるため使用してもよい」と適当にあしらいました。しかし、どうしてそれが可能なのでしょうか？ 「または」「そして」「すべての」などのように、非常に基礎的で抽象的な接続詞だけを使用して「点」「線分」「図形」のように具体的で現実的な概念を構成できるのでしょうか？

　数学で用語を定義するプロセスは、パソコンが文章を翻訳するのと似ています。最近は技術の発展に伴いパソコンがとても上手に翻訳してくれます。しかし、パソコンは通訳者と違い、言語をただ構造的にアクセスさせます。たとえばパソコンが「あなたを僕は愛している」を英語に翻訳すると、パソコンはまず助詞の「を」「は」と語尾の「している」を確認して「あなた」「僕」「愛」をそれぞれ目的語、主語、述語と判断します。その後、辞書から「あなた(目的格)」「僕(主格)」「愛している(動詞)」に該当する英単語を探します。それぞれ「You」「I」「love」ですよね。最後に英語の文章の順序は、主語-述語-目的語なので、これに合わせて再配列させた後、

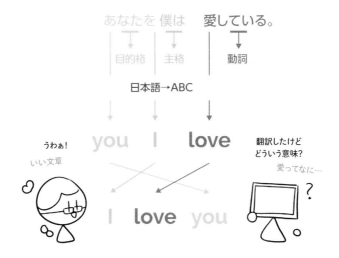

結果を表示してくれます。

　この過程で、パソコンは一度も文章の意味を把握していません。「あなたを僕は愛している」という文章で「僕」という主体が「あなた」に対して好感をもっているということを読み取れないのです。たとえば「僕はあなたを愛してる、だから僕はあなたが嫌い」という文章が与えられたとき、パソコンはこの文章を正しく翻訳することはできますが、意味がおかしいという事実には気づきません。パソコンにとって、文章は単に適切な文章に基づいて配列された記号に過ぎず、それ以上でもそれ以下でもないということです。

	単語	
どんな意味を表現		記号の特定な寄せ集め
主語＝行為者目的語＝対象など相互関係を表現	**文法**	単語を配列する決まった方法
文脈上理解が可能	**両義的文章**	可能な解釈には優位なし
意味論的		構造論的

　数学も同じです。数学は論理記号という文字と適切に定義された文法を通じて論理を展開していくことができます。しかし、数学の論理自体にはなんの意味も含まれていません。数学の論理に意味をつけるのは僕たちの役割です。

　じゃんけんを例に挙げましょう。じゃんけんのルールは次の通りです。

1. 出せるのはチョキ、グー、パーだけだ。

2. チョキはグーに負け、グーはパーに負け、パーはチョキに負ける。

3. グーはチョキに勝って、パーはグーに勝ち、チョキはパーに勝つ。

　誰でもこのルールの意味を理解できます。「出せる場合の数」「チョキ」「グー」「パー」「勝つ」「負ける」がどういう意味なのか知っているからです。このルールは意味論的な規則です。しかし、数学の言語はまったく違う方式でじゃんけんを記述します。

数学の言語で記したルール

1. 集合Sはa、b、cのみを含む。　　　　　　　　　$S=\{a, b, c\}$

2. $W(a, b)$、$W(b, c)$、$W(c, a)$はすべて偽である。

$$\neg W(a, b) \wedge \neg W(b, c) \wedge \neg W(c, a)$$

3. $W(b, a)$、$W(c, b)$、$W(a, c)$はすべて真である。

$$W(b, a) \wedge W(c, b) \wedge W(a, c)$$

　……突然、なんの話かわかりませんよね？　日本語と違って数学の言語で記したルールは、論理記号だけで構成されています。しかし、数学の言語として記したルールと日本語で記したルールは本質的に同じ話をしています。次のように各記号を解釈してみると、本当にそうなのかわかるでしょう。

- a：チョキ、b：グー、c：パー。
- S：出せる数。
- $W(a, b)$：aはbに勝つ。

このように、数学の言語として記したルール自体にはじゃんけんに対する言及はなくとも、そのルールから構成される構造は僕たちのよく知っているじゃんけんの構造と一致します。そのため、じゃんけんは以下のように数学的に定義できます。

じゃんけんの定義

以下の3つの規則を満たす集合Sを「出せる場合の数」に、aを「チョキ」に、bを「グー」に、cを「パー」に、$W(x, y)$を「xがyに勝つ」と定義する。

1. 集合Sはa、b、cだけを含む。
2. $W(a, b)$、$W(b, c)$、$W(c, a)$はすべて偽だ。
3. $W(b, a)$、$W(c, b)$、$W(a, c)$はすべて真だ。

おっ！　今、僕たちがどれほど素晴らしいことをしたかわかりますか？　この章の導入部で僕たちは意味のない論理記号たちが「点」「線分」「図形」といった具体的で現実的な概念を構成できるか疑問をもちました。この疑問に対する答えが今まさに出てきました。論理記号だけを使用してじゃんけんという具体的な概念を構成したのです。これが、数学が論理記号だけで複雑な概念を定義できるという原理です。論理記号自体に意味はありませんが、その記号

の配列が規定する**構造**では、僕たちの見慣れた概念を期待できます。

意味論的　　　　　　　　　　構造論的

　数学のすべての基礎用語は、このような方式でつくられます。**自然数**を例に挙げてみましょうか？　自然数を定義する方法もまた、じゃんけんを定義した方法と同じです。ただルールの数が5つで、少し多いだけです。記号がたくさん登場するので負担になるかもしれませんが、具体的な内容はそんなに重要ではありません。「本当にこんなふうに自然数を定義できるんだ」くらいの印象だけ受けてもらえればいいです。

自然数の定義

以下の5つのルールを満たす集合Nを自然数に、元素pを1に、関数$S(x)$を「xの次の数」と定義する。

1.　pはNに属する。

2.　$x \in N$ならば$S(x) \in N$だ。

3.　$S(x) = p$のxは存在しない。

---

4. Nに属する任意のx、yに対して $x \neq y$ならば、$S(x) \neq S(y)$だ。

5. Kが次の2つの条件を満たす集合だとする。

    a. $p \in K$

    b. Nに属する任意のxに対して$S(x) \in K$

   このときKはNを含む。

ここで、いったん用語について説明します。今まで僕たちはそれぞれの条件を「規則・ルール」と呼んでいましたが、数学者は規則という表現のかわりに公理という用語を使用します。特定の概念を定義する規則などの集まりは**公理系**と呼びます。先ほどの自然数を定義する公理系の名前は**ペアノの公理系**です。

ペアノの公理系

以下の5つの公理を満たす集合Nを自然数に、元素pを1に、関数$S(x)$を「xの次の数」と定義する。

公理1. pはNに属する。

公理2. $x \in N$ならば$S(x) \in N$である。

(中略)

公理5. Kが次の2つの条件を満たす集合だとする。

    a. $p \in K$

    b. Nに属する任意のxに対して$S(x) \in K$

   このときKはNを含む

ここでみなさんは「この5つの公理ではなくほかの公理を利用し

て、自然数を定義することはできないのか？」という疑問をもつか
もしれません。非常に妥当な疑問です。実際、ついさっき紹介した
5つの命題を公理で選択する必要はありません。公理系はあくまで
も数学者が任意に選択した規則です。これは数学のほかの定理と区
別できる点です。**定理**(Theorem) は、以前の定義と定理から派生し
た論理的必然性です。しかし、**公理**(Axiom) は数学の最初の出発地
なので、どんな規則やルールを使用してもOKです。必要に応じて、
以下のように強引な公理系を設定してもいいのです。

強引な公理系

以下の2つの公理を満たす集合Nを自然数として定義する。

1.　1がNに属する。
2.　1以外の元素はNに属さない。

　上記の公理系を使用する数学では、自然数が1以外にないわけで
す。果たしてそのような公理系が有用なのでしょうか？　上の公理
系から得られる定理は、ペアノの公理系から得られる定理に比べる
と非常に制限的です。このように数学的に意味のある公理系を構成
することは、とても難しいことです。公理の数が少なすぎると、発
見できる定理がほとんどありません。だからといって公理の数が多
すぎたら「最小限の過程で豊富な定理を得る」という数学の理念に
反することになります。直観の中で思い浮かぶ概念を最小限の公理
で表現すること。これは決して簡単なことではありません。
　公理系をつくることは、ピアノを弾くのと似ています。誰でもピ

アノの鍵盤を叩くことはできます。しかし適当に鍵盤を叩くだけなら、単なる騒音に過ぎません。ピアノから美しいメロディーを引き出すには、慎重な悩みと設計が必要です。同様に、誰でも適当な条件をもってきて公理系をつくることができます。しかし、最小限の公理として豊富な定理を証明できる公理系をつくるのは、数学界の巨匠にとっても難しい作業です。

　今までの話はかなり抽象的なので、一度に理解できなくても大丈夫です。それでも何度も読んでみて、本を閉じて内容をじっくり考えてみたら、次第に話の流れが伝わってくるでしょう。

　数学だけで例を挙げると少し硬い感じがするので、もっと軽い例にしてみました。

　次の例は数学的には正確ではありません。「死ぬ」「成長する」などの論理記号以外の単語を多く使用してみました。このような部分を理解するかわりに、数学の構造が下図のような**公理−定義−定理**の形で構成されていることを覚えていてください！

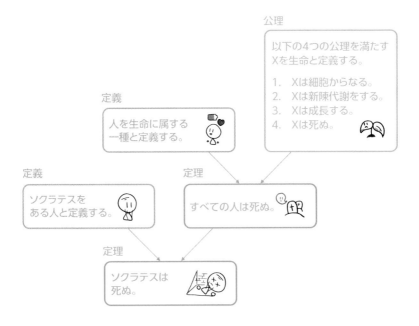

鍵盤を叩いたからといって音楽になるわけではない

公理系をつくるのが難しい理由はもう1つあります。公理系をつくっていると矛盾が生じやすいのです。矛盾とは、与えられた公理を使用してある命題が真であるのを証明することができ、偽であるのを証明することもできる状況のことです。

> **矛盾した公理系**
> ある命題Pが存在し、与えられた公理系を通じてPとPの否定の両方を証明できれば、その公理系は矛盾しているという。

矛盾は数学者たちのナイトメア (悪夢) です。完璧できちんとした論理を誇る数学で、矛盾はなんとしてでも避けなければならない敵です。そのため、数学者たちは公理系を構築するときに矛盾が生じないように心血を注ぎます。

矛盾をなくそうとする数学者たちの努力もむなしく、数学には矛盾が発見されたことがあります。1901年に発表された**ラッセルのパラドックス (逆説)** は、数学史に大きな一線を画した事件です。ラッセルのパラドックスは、ラッセルの集合から始まる文章です。

> **ラッセルの集合**
> Rを自分自身に含まない集合の集合として定義する。
> つまり、$X \notin X$ならば$X \in R$だ。

一見すると、前ページの集合の意味がなんなのか、まったくわかりません。じっくり見てみましょう。集合には2つの分類があります。最初の分類の集合は自分自身を含む集合です。以下にいくつかの例があります。

- **韓国語で書かれた文章の集合**は韓国語で書かれた文章です。したがって、この集合は自分自身を含みます。
- **18個の文字の文章の集合**は18文字で構成された文章です。
- **名詞の集合**は名詞です。

　2番目の分類の集合は、自分自身を含まない集合です。実際、ほとんどがここに当てはまります。

- **英語で書かれた文章の集合**は英語で書かれた文章ではありません。
- **色の集合**は色ではありません。
- **動詞の集合**は動詞ではありません。

　ラッセルの集合は自分自身を含まない集合、つまり2番目の分類の集合として構成されています。では、ラッセルの集合はラッセルの集合に属するのでしょうか？

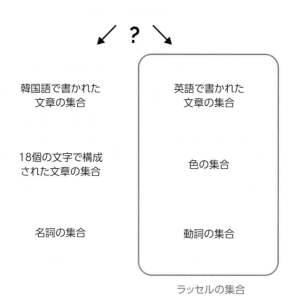

この些細な質問は、数学界に大きな混乱をもたらしました。この質問がなぜ問題になるのでしょうか？　もし、そろそろ本を閉じたいと感じたら今ここで閉じてください（自分の本をいつ閉じるべきか教える著者もいますね！）。かわりに、もう一度この本を読むようになるまで、この質問の答えを考えてみてください。本を読み続ける方も次の段落に移る前に悩んでみてください。悩む習慣は、みなさんの数学的思考力を育てる重要な基礎になりますから。

　まず、ラッセルの集合がラッセルの集合に含まれると仮定します。ラッセルの集合に含まれるすべての元素は自分自身を含まないので、ラッセルの集合は自分自身を含まない集合です。しかし、僕

たちはラッセルの集合がラッセルの集合に含まれると、つまりラッセルの集合は自分自身を含んでいると仮定しました。これは話になりませんよね。したがって、僕たちの仮定が間違っていて、ラッセルの集合はラッセルの集合に含まれないことが証明されました。

　ならば、ラッセルの集合がラッセルの集合に含まれないと仮定してみましょう。ラッセルの集合に含まれないすべての元素が自分自身を含むため、ラッセルの集合は自分自身を含む集合です。しかし、この結論は仮定と反します。したがって、僕たちの仮定が間違っていて、ラッセルの集合はラッセルの集合に含まれていると証明されました。

　このように、ラッセルの集合はラッセルの集合に含まれることを証明でき、含まれていないことも証明できます。数学者たちがあれほど懸念していた矛盾が発生しましたね。

　ラッセルのパラドックスは、数学者たちがこれまで曖昧に考えてきた集合という概念に、本質的な問題があることを気づかせます。幸いにもこの問題は数週間後、当事者のラッセルの手によって解決

されました。要約するならば、ラッセルは階型^{かいけい}という概念を導入しました。たとえば「赤色」「黄色」「緑色」などは0階の元素、0階の元素を含む「色」は1階の元素、0階及び1階の元素を含む「名詞」は2階の元素に分類したものです。そして**同じ階型の元素は互いに含まない**という制約をつけ加えました。つまり、ラッセルの集合をまったく禁止してしまったということです。このように対象間の包含関係の階型を通じて厳密に分離することによって、ラッセルは自分のパラドックスを解決することができました。しかし、ラッセルの階型理論が追究しているのは、当時の数学者たちが重視していた価値とは違っていたため、数学の標準として定着できませんでした。現在では、追加の公理を通じてラッセルのパラドックスを防止した1次論理パターンの**ZFC公理系**が数学の標準として使用されています。

ユークリッド幾何学と非ユークリッド幾何学

　凹と凸を定義する過程で、僕たちは点と線分の定義を少し後に延ばしました。公理系について学んだので、これから点と直線がどう定義されているのか見てみましょう。点、直線、平面を定義する公理系は**ヒルベルト公理系**です。点、直線、平面は簡単な概念なので定義しやすく思えますが、ヒルベルト公理系はなんと20の公理からなる、数学では最も複雑な公理系の1つです。20の公理は次の通りですが、すべて読まなくても大丈夫です（いえ、絶対に全部読まないでください。1つ1つ読んでいたら本を閉じたくなるかもしれませんから）。

ヒルベルト公理系

点、直線、平面、「間にある」、「上にある」、「同じ」を以下の20の公理を満たす対象及び関係として定義する。

1. すべての2点について、2点を結ぶ直線が存在する。

2. すべての2点について、2点を同時に通る直線は2つ以上存在しない。

3. 2点以上を含んだすべての直線について、その直線上にない点は1つ以上存在する。

4. ある3点が一直線上にないとき、その点をすべて含む平面が存在する。すべての平面は少なくとも1つ以上の点を含む。

5. ある3点が一直線上にないとき、その点をすべて含む平面はたった1つだけ存在する。

6. ある直線m上にある2点が平面α上にある場合、αはm上のすべての点を含む。

7. ある2つの平面αとβが点Aを一緒に含めるなら、2つの平面が一緒に含む点が1つ以上存在する。

8. 1つの平面に含まれていない4つ以上の点が常に存在する。

9. 点AとCの間に点Bがあるなら、点Bは点CとAの間に存在し、点A、B、Cを通る直線が存在する。

10. 点AとCがあるとき、直線ACの上に点Bが存在し、点AとBの間にCがある。

11. 一直線上にある3点について、そのうちの1つの点だけが異なる2点の間にある。

12. 一直線状にない3つの点A、B、Cがあり、平面ABCの上に直

線mがあり、その直線がA、B、Cのいずれも含まないとき、mが線分AB上の1点を含めると、線分AC、線分BCのいずれかの線分も1点を含む。

13. 2点A、Bがあり直線m上に点A'があるとき、2点CとDが存在し、ABと$A'C$の長さが同じで、ABと$A'D$の長さが同じになるようにするA'がCとDの間にある。

14. CDとABの長さが同じで、EFとABの長さが同じならばCDとEFの長さは同じだ。

15. 直線mが線分ABとBCを含み、その2つの線分に共通的に含まれる点がB1つで、また直線mやm'が線分$A'B'$と$B'C'$を含んで2つの線分に共通して含まれる点がB'1つのとき、ABと$A'B'$の長さは同じで、BCと$B'C'$の長さが同じならACと$A'C'$の長さも同じだ。

16. 角ABCと半直線$B'C'$があるとき、たった2つの半直線$B'D$と$B'E$が存在し、角$DB'C'$と角ABCが等しいとき、角$EB'C'$と角ABCは同じだ。

17. 3つの点をそれぞれ両端とする3辺の集まりを三角形とする。2つの三角形$\triangle ABC$と$\triangle A'B'C'$がABと$A'B'$の長さが等しくACと$A'C'$の長さが等しく$\angle BAC$と$\angle B'A'C'$の大きさが等しいなら、$\triangle ABC$と$\triangle A'B'C'$は同じだ。

18. 平面上に直線mとその直線上にない点Aがあるとき、その平面には点Aを含み直線m上のどの点も含まない直線が、多ければ1つ存在する。

19. 半直線ABと線分CDがあるとき、AB上にn個の点$A1$、$A2\cdots$、

An が存在し、$AjAj+1$ の長さが CD の長さに等しく、$1 \leq j < n$ を満たす B は $A1$ と An の間にある。

20. 上の公理を満たす点、直線、平面以外の対象は存在しない。

　たかが点、直線、平面を定義するために20の公理を使うだなんて、数学の厳密さというのは知れば知るほど驚嘆します。しかし、僕たちには少し過分な気もします。この本ではヒルベルト公理系に比べて厳密さは落ちますが、核心をよく盛り込んだ**ユークリッド公理系**を使います。

ユークリッド公理系

点と直線を以下の5つの公理を満たす対象として定義する。

1. 2点を結ぶ線分は常に唯一存在する。
2. 線分は必要に応じて延長することができる。
3. 1点を中心とした円を描くことができる。
4. すべての直角は同じだ。
5. 2本の直線が1本の直線と出会うとき、同じ側にある角の和が180°よりも小さければ、この2直線を延長するとき180°よりも小さい角をなす側で必ず出会う。

　ヒルベルト公理系よりもはるかに読みやすいですよね！　ユークリッド公理系は公理の数が5つしかなく、「延長することができる」や「出会う」などと論理記号でない単語を使うので厳密さは劣りますが、挑戦しがいがありますよね。

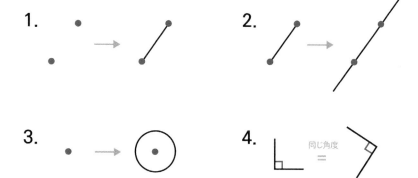

ただ、すぐに理解できない5番の公理のみ、もう少し見てみます。

　まず、**2本の直線が1本の直線と出会うとき**、同じ側にある角の和が2直角よりも小さければという言葉は、次の図のように2本の直線（黒）が1本の直線（青色）と出会うとき、同じ側（右側）にある2つの角AとBの合計が180°よりも小さい状況です。つまり、5番の性質は下記のような状況の場合、2直線が同じ側（右側）でいつも出会うということです。聞いてみたら、そんなに難しい内容ではないでしょう？

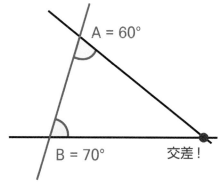

ユークリッド公理系は、幾何学の標準として数千年間使用されてきました。ユークリッド公理系が初めて紹介されたユークリッドの著書『原論』が、紀元前3世紀に執筆されてからです。ユークリッドの『原論』は、聖書に次いで世界で2番目に多く読まれている可能性の高い本です（誤伝された話ですが、それだけすごいという話なので作家としてうらやましく思わざるをえません）。ユークリッドの『原論』と彼の公理系が人類に及ぼした影響はすごいものです。ユークリッドは、自分の公理系を利用して幾何学の数多くの定理を証明しました。中学の頃に学ぶ幾何学は、ユークリッドの日記帳だという笑い話もあるほどです。この本の付録に、ユークリッドの公理系を利用して三角形の内角の和が180°であることを証明する過程を載せています。

　このように、ユークリッドの公理系は長い間学者たちの愛（科学生たちの憎しみ）を受けてきましたが、批判がまったくなかったわけではありません。数学者たちは、特にユークリッドの5番目の公理について不満に思っていました。残り4つの公理はすべてきれいですが、5番目の公理は一見しただけではなんの話か理解しにくいからです。だから数学者たちは、1番から4番までの公理を利用して5番目の公理を証明できないかと悩みました。しかし、その多くの努力にもかかわらず、ユークリッドの5番目の公理は残る公理からも証明される気配は見られませんでした。

　そうするうちに、19世紀初頭の数学者たちは、ユークリッドの5番目の公理が成立しない幾何学が存在する可能性を考え始めました。先に述べたように、公理系は誰かがランダムにつくったものです。ユークリッド公理系も同じです。したがって、ユークリッド公

理系がなんらかの特異な幾何学では成立しないかもしれないと考えたわけです。実際、19世紀にボーヤイ・ヤーノシュやベルンハルト・リーマンなどの数学者たちが、ユークリッド公理系が成立しない幾何学をいくつか発表しました。

　1つ例を見てみましょう。ユークリッドの1番の公理は2点を結ぶ線分が唯一存在すると主張しています。これは一見すると当然の事実のようです。しかし、果たしてそうなのでしょうか？　もし2点が球面上に与えられたら、2点を結ぶ線分は無数に存在することになります。

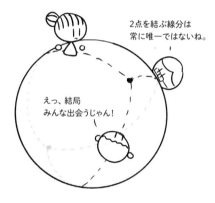

2点を結ぶ線分は
常に唯一ではないね。

えっ、結局
みんな出会うじゃん!

　球面や双曲面（プリングルズのポテトチップのような曲面を双曲面といいます）上の幾何学では、1番の公理は成立しません。また5番の公理も成立しません。ユークリッド公理が成立しないので、もちろんユークリッド公理系から誘導される多くの定理も球面や双曲面上では成立しません。

　先ほど、ユークリッド公理系を利用して証明できる例として、**三角形の内角の和が180°である**という話をしました。しかし、球面

上の三角形と双曲面上の三角形の3つの内角の和は180°ではありません。下図の球面のように正の曲率をもつ曲面上の三角形は内角の和が180°よりも大きく、双曲面のように負の曲率をもつ曲面上の三角形は内角の和が180°よりも小さいのです。

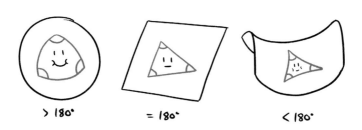

> 180°   = 180°   < 180°

　このように、公理系は万古不変の真理を記述していません。公理系は誰かが適切に選択した命題に過ぎず、そのように構成された公理系は特定の現象を説明することはできますが、ある現象では適していないこともあります。どの公理系を選択するかによって、僕たちの幾何学が平面上にあるか、球面上にあるか、双曲面上にあるかもしれないのです。そして、その選択によって誘導される定理もすべてがまちまちなのです。

　どのような空間が与えられるかによって三角形の3つの内角の和が違うという点は、とても有用です。もしみなさんが地球が本当に丸いのかを確認したいのなら、運動場くらいの大きさの三角形を描いて、3つの角の和を正確に計算すればいいのです。実際にテレビで何度かやっていた実験ですが、結果は180°よりも少し大きくなります。

地球が丸いことくらい僕たちはみんな知っているから、そんなに不思議に思うことではありません。ならば、スケールを大きくしてみましょう。**一般相対性理論**によると宇宙は静的な空間ではなく、曲がり、震え、揺れ動く動的な空間です。たとえるならば池に似ています。普通の池はとても穏やかですが、池の上でアヒルが羽ばたいたり、誰かが池に石を投げたりすると、水面が揺れて複雑な様相を呈します。宇宙も同じです。たとえば重い星が速く動けば宇宙は揺れ動き、重力波と呼ばれる波を伝播します。池の中で速く泳ぐ魚が水面を揺らし、水面波を発生させるようなものです[6]。

　また、宇宙は曲がることができます。宇宙の曲率は、宇宙が含む物質とエネルギーの総量によって決まります。単位体積の平均的な物質の量が多いほど宇宙は正の曲率をもち、少ないほど負の曲率をもちます。もし宇宙が曲がっていたら、いろいろな特異な現象が発生するでしょう。正の曲率をもつ宇宙では平行に出発した2個の宇宙船が少しずつ近づき、負の曲率をもつ宇宙では少しずつ遠くなります。

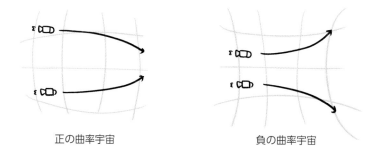

正の曲率宇宙　　　　　　　　　負の曲率宇宙

6　2つの現象は似ているように見えて科学的にはまったく違う原理によって発生するものなので、たとえ話だということで参考にしてください。

もちろん宇宙が曲がっているといっても、とても大きいので、これらの効果を実際に観測するためにはかなり遠い距離を移動しなければなりません。

　では、宇宙はどんな形をしているのでしょうか？　宇宙の曲率を計算する1つの方法は、前に話したように、宇宙で大きな三角形を描いた後、三角形の3つの内角の和を求めるということです。しかし、実際に宇宙に大きな三角形を描くことはできないので、物理学者たちは宇宙背景放射から宇宙の初期の姿を分析し、そこから宇宙内の点の空間的関係を求めました。このデータを通じて「もし宇宙に実際に大きな三角形を描いたら」という質問に対する三角の和を手に入れることができました。

　その結果、宇宙はわずか±0.4パーセントの誤差以内で平らだとしました。±0.4パーセント誤差ならば、みなさんの机の上よりも平らかもしれません。ほとんど完璧なほど平らなわけです。宇宙が平らだという事実は、不思議な構造の宇宙を期待していた人たちにとっては少し失望する結果なのかもしれません。しかし、宇宙が平らだということは、むしろもっと衝撃的な事実でした。先ほど話したように、宇宙の構造は宇宙が含む物質とエネルギーの総量によって決まりますが、宇宙が平らになるためにはこれらの要因が完璧に合致しなければいけません。物理学者たちはこのような低い確率にもかかわらず、宇宙がどのように完璧なユークリッド構造をもっているかに頭を悩ませています。もしかすると、なにか超越的な存在が宇宙をこのように完璧につくったのではないかと考えたら、鳥肌が立ちますね。

ゲーデルの不完全性定理

　いつの間にか公理系に関する話も終わりです。最後に、数学の最も重要な定理の1つである**ゲーデルの不完全定理**でこの章を終えたいと思います。

　先ほど、公理系で生じる最大の問題点が矛盾だと話しました。しかし、公理系に生じる問題点はもう1つあります。それは**不完全性**です。Pが真であることを証明することもできるし、偽であることを証明することもできる状況を矛盾というならば、不完全性はPが真であることを証明することも、偽であることを証明することもできない状況です。

> **不完全な公理系**
>
> ある命題Pが存在し、与えられた公理系を通じてPとPの否定の両方を証明できないとき、その公理系は不完全であるという。

　矛盾に劣らず不完全性もひどい状況です。そこで20世紀初め、数学者たちはヒルベルトの主導下で**ヒルベルトプログラム**を計画し、矛盾のない完全な公理系をつくろうと努力しました。そして、彼らがつくった公理系が完璧だという事実を証明しようとしました。野心的な目標であり、多くの進展もありました。僕たちが今まで話した論理記号の概念や、公理系の概念のほとんどはこのときに確立されたほどですから。

　しかし、1931年にクルト・ゲーデルという数学者が**ゲーデルの**

不完全性定理を発表し、ヒルベルトプログラムの夢と希望を粉砕してしまいます。ゲーデルの不完全性定理は以下の2つの定理から成り立っています。

ゲーデルの不完全性定理

1. ペアノ公理系を含むすべての数学の公理系は矛盾しているか不完全だ。
2. 無矛盾な公理系は、自らが無矛盾であることを証明できない。

この定理のせいで、ヒルベルトプログラムの支持者たちは唖然としました。思い出してみましょう、ペアノ公理系は自然数を定義する公理系です。つまり、ゲーデルの不完全性定理によると、自然数を使用するすべての数学の公理系は矛盾しているか、不完全だというのです。

事実上、数学のすべての分野が自然数を使用していると言いました。その上、皮肉にもヒルベルトプログラムの創始者ヒルベルト自身が選定した「20世紀の最も重要な23の数学の問題」のうち、最初の問題が証明と反証も不可能であることが明らかになり、ゲーデルの不完全性定理の実例になりました（この問題がなんなのかは本の後半に出てくるので期待してください！）。

不完全性定理の証明は、とても不思議な論証を使用します。多くの書籍では、不完全性定理の証明を通常次のように紹介します。ゲーデルは以下のような命題Pを提示しました。

- P：Pは証明が不可能である。

　Pが偽だと仮定してみます。するとPは証明可能であるために、Pは真です[7]。しかし、これはPが偽であるという仮定に矛盾しています。したがって、無矛盾性のためにはPが真でなければなりません。しかしPが真であれば、Pは証明不可能です。これによって、ゲーデルは無矛盾な公理系にはPのように証明不可能な命題が存在するしかないことを示しました。

　しかし、このようにゲーデルの不完全性定理の証明を要約すると、当代の数学者たちには失礼かもしれません。当代最高の数学者たちが**Pは証明が不可能**という簡単な命題を考えもせずに、ヒルベルトプログラムに従ったのでしょうか？　もちろん、ゲーデル以前の数学者たちも「Pは証明が不可能だ」という命題を知っていました。しかし、彼らがこのような命題を深刻に受け止めなかった理由も妥当でした。「Pは証明が不可能だ」のような命題は、数学的命題ではなく超数学的命題だからです。

　数学的命題とは、論理記号と適切な公理系を通じて構成される命題です。今まで僕たちが扱ってきたほとんどの命題が数学的命題であり、例は以下の通りです。

- $1+1=1'$ [8]
- 2つの凸図形の共通領域は凸である。
- 三角形の3つの内角の和は180°である。

7　「証明可能だ」と「真」は同義語ではないという点を指摘しなければなりません。証明可能な命題はすべてのモデルで真ですが、特定のモデルで真である命題は証明できないことがあります。モデルはこの本で言及していない概念で、詳細は専門書籍を参照してください。

8　1'は2の別の表現です。

これに対し、**超数学的命題**は「数学的命題に対する命題」です。数学的命題と超数学的命題の違いをたとえると、一人称主人公の視点と全知的作家視点の違いと似ています。

- $1+1=1'$は 1 で始まる。
- 「2つの凸図形の共通領域は凸だ」の証明が可能である。
- 「三角形の3つの内角の和は $180°$ だ」の証明にはユークリッドの5番目の公理が必要である。

　超数学的命題は、公理系内部に存在する命題ではなくて、公理系外部にのみ存在する命題です。なので、P は証明が不可能であるといった超数学的命題を反例に挙げ、公理系の矛盾性や不完全性を主張するのは正しくありません。公理系が矛盾したということは、公理系内部に真や偽である命題が存在するという意味だからです。

　しかし、ゲーデルは創造的なテクニックを利用すれば、超数学的命題を数学的命題として変換することができるということを示しました(僕が先ほどこの証明で不思議な論証を使用していると言ったのはここです)。ゲーデルは、超数学的命題を数学的命題として変換するためにゲーデル数というアイデアを考案しました。**ゲーデル数**は、数学のすべての記号と命題、そして証明を自然数に変えるテクニックです。ゲーデルの不完全性定理がペアノ公理系を含む公理系に制限があることは、ゲーデル数を使用するために自然数が必要だからです。

　今からゲーデルのアイデアを説明しますが、内容が多少難解です。読んでいて難しいと感じる方は、次の章に進んでも大丈夫です

(実際この部分は、僕がゲーデルオタクなので「オタク力」で書いた部分で、教養書には似合わない難易度です)。始める前に言っておきますが、今から紹介する証明はアーネスト・ナーゲルとジェームズ・ロイ・ニューマンの本『ゲーデルの証明』を参考にしました。

パート1. ゲーデル数で論理式をコード化する

ゲーデルの証明は、論理記号とペアノ公理系の各記号にゲーデル数と呼ばれる自然数をつけることから始まります。

このように、すべての記号に数字をつけると、数学のすべての命題を**コード化**できます。方法は次の通りです。まず、与えられた命題のすべての記号をゲーデル数に置き換えます。その後、n番目ゲーデル数をn番目の素数の指数とした後、各素数の累乗をすべてかけます。このように得られた数が、該当命題のゲーデル数となります(次ページの表を参照)。

たとえば、1+1=1′は91ページのようになります。まず、1+1=1′のすべての記号をゲーデル数に置き換えます。得られた6個のゲーデル数を最初の6つの素数の指数とします。これをすべてかけると、1+1=1′のゲーデル数を得られます。ゲーデル数を構成する上で、ゲーデル数は普通とても大きくなります。

この過程を通して、すべての論理式には固有のゲーデル数が対応します。反対に、あるゲーデル数が与えられたら、与えられたゲーデル数を素因数分解することで、そのゲーデル数が意味する論理式が何なのかがわかります。つまり、**ゲーデル数と論理式は1対1の対応**を果たすのです。

記号	ゲーデル数	意味
¬	1	違う
∨	2	または
→	3	～なら
∃	4	存在する
=	5	同じだ
1	6	1
'	7	次の数
(	8	左括弧
)	9	右括弧
,	10	コンマ
+	11	たす
×	12	かける
x	13	変数1
y	17	変数2
z	19	変数3
p	13^2	命題1
q	17^2	命題2
r	19^2	命題3
P	13^3	述語1
Q	17^3	述語2
R	19^3	述語3

$$1 + 1 = 1'$$

$\downarrow$ ゲーデル数変換

$$6 \quad 11 \quad 6 \quad 5 \quad 6 \quad 7$$

$\downarrow$ 素数の指数とする

$$2^6 \times 3^{11} \times 5^6 \times 7^5 \times 11^6 \times 13^7$$

$$= 330{,}966{,}150{,}822{,}539{,}$$
$$640{,}681{,}273{,}000{,}000$$

パート2. ゲーデル数で超数学的述語を数学的述語として変換する

　ゲーデル数はおもしろい結果をもたらします。先ほど僕たちは超数学的命題が「命題に対する命題」であるため、公理系の限界を示す例には適していないと話しました。しかし、ゲーデル数を使えば「命題に対する命題」を「自然数（ゲーデル数）に対する命題」と変えることができます。ゲーデル数を利用して超数学的命題を数学的命題に変えることで、公理系の限界を示す可能性が生まれたのです！

　たとえば「1+1=1′は1で始まる」は超数学的命題です。しかし、この命題は「ゲーデル数 330,966,150,822,539,640,681,273,000,000

を素因数分解したとき、2の指数は6だ」という数学的命題に変換することができます。

超数学的命題	数学的命題
1+1=1'は 1で始まる	ゲーデル数330,966,150,822,539,640,681,273,000,000 を素因数分解したとき2の指数は6だ

　さらに僕たちは、与えられた任意の命題が1で始まるかどうかを判別する述語もつくることができます。与えられた命題のゲーデル数がxのとき、$y \times 2^6 = x$を満たすyが存在しますが、$y \times 2^7 = x$を満たすyが存在しない場合、xが意味する命題は1で始まる命題だとわかります。つまり、以下のように述語StartsWithOne(x)を定義すると、

$$\text{StartsWithOne}(g): \exists y(y \times 2^6 = x) \wedge \neg(\exists y(y \times 2^7 = x))$$

　StartsWithOne(x)は、xが意味する命題が1で始まるときにだけ真を返します。
　僕たちが超数学的述語 StartsWithOne(x) を数学的述語として構成したように、ゲーデルは超数学的述語 IsProvable(x) を数学的述語として構成することに成功しました。

> **IsProvable(x)**
>
> ゲーデル数xが意味する論理式が証明可能なときに真を返す。
>
> たとえば、2+3=5のゲーデル数が123であれば、2+3=5は証明が可能なのでIsProvable(123)は真である。

　また、ゲーデルはchangeY(x)という関数を数学的に構成するのに成功しました。

> **changeY(x)**
>
> ゲーデル数xが意味する論理式で登場するすべてのyをゲーデル数xとして変えた命題のゲーデル数を返す。
>
> たとえば、y+1=2のゲーデル数が123で、123+1=2のゲーデル数が456の場合、changeY(123)=456である。

　上記の2つの述語及び関数を構成する過程は非常に長いので省略しました。

パート3.　Gの定義

IsProvable(x)とchangeY(x)を利用して下記のような述語$G(y)$をつくることができます。

> **$G(y)$**
>
> $G(y)$の定義は以下の通りである。
> - $G(y)$:¬IsProvable(changeY(y))

> $G(y)$は changeY(y) が意味する命題が証明可能であれば偽を、そう
> でなければ真を返す。

　おもしろいことに$G(y)$もやはり論理式なので、ゲーデル数に置
き変えることができます。$G(y)$のゲーデル数をgだとします。

　$G(y)$にyのかわりにgを代入したら次の命題を得られます。この
段階が証明の核心です。述語に自分自身を代入することで、ラッセ
ルのパラドックスと似た再帰（さいき）が発生するでしょう。

$$G(g) : \neg(\text{IsProvable}(\text{changeY}(g)))$$

パート4.　$G(g)$は証明が不可能だ！

　$G(g)$の意味を見てみましょう。$G(g)$はゲーデル数gをもつ述語
$G(y)$で登場するすべてのyをgに変えた命題です。したがって、$G(g)$
はゲーデル数 changeY(g) が意味する命題と同じです！　changeY(x)
の定義をじっくり追ってみると、明確にわかります。

> changeY(g)
> ゲーデル数gが意味する論理式$G(y)$で登場するすべてのyをゲー
> デル数gに変えた命題のゲーデル数を返す。これはすなわち$G(g)$
> のゲーデル数だ。

　したがって、$G(g)$のゲーデル数は changeY(g) です。しかしGの定
義によると、$G(g)$はゲーデル数 changeY(g) が意味する命題が証明で

きないときのみ真を返します。ところで、changeY(g) が意味する命題は自分です。つまり、$G(g)$ の意味は次の通りです。

$$G(g):G(g) は証明が不可能である。$$

これが僕たちが探そうとしていた**真だが証明が不可能な定理**です！　これによってゲーデルの第1不完全性定理が証明されました。第2不完全性定理の証明も同様のアイデアを使用します。

ここまでついてきてくださった読者のみなさんは、本当に素晴らしいという言葉と感謝の言葉を申し上げます。もしこの証明を楽しいと思ってくださったなら、先に紹介した本を読んでみてください。

ゲーデルの不完全性定理は数学界の悲劇だと考える人もいます。もちろん、数学がすべての問題に対する答えをくれるものだと期待していた人たちにとって、ゲーデルの不完全性定理は少し残念な話に思えるかもしれません。しかし、少し違うように考えることもできるのではないでしょうか。僕は、ゲーデルの不完全性定理が、むしろ数学がどれほど洗練された学問かを示していると思います。数学は自分自身の限界を証明できるほど強力な学問です。自分が使うすべての概念を論理的に記述することからさらに進んで、自らまでを形式化して証明の対象にできる学問は数学しかないんです。こんな数学の明確な客観性が、僕たちが数学を学ぼうとする姿の1つなのです。

第1部では、数学の厳密さと客観性という側面を照らすことに集中しました。どうでしたか？　少し新しいパラダイム（理論的枠組み）に不慣れを感じたかもしれませんが、それこそがみなさんの脳が多方面に考えることができる方法を身につけた証拠なのです。さて、数学の基本的なパラダイムを理解したので、第2部では本格的に数学者たちが繰り広げる理論を見てみましょう。

人間の理性を表現する12の推論規則

　こうして第1部を終えてしまったら、多分誰かに悪口を言われるでしょう。ネタの回収をきちんとしていないので！　覚えているかわかりませんが、僕は第1部で次のように述べました。

> 数学は6つの記号、12の推論規則、
> そして適切に定義された公理系で構成されている。

　これまで僕たちは、6つの記号が何なのか調べて（論理記号）、公理系がなんなのかも調べました。ところが、12の推論規則が抜けていますよね。忘れていたわけではないんです。ただ、この内容が少々難しいうえに、本全体を見たときにそれほど重要な内容でないために、このように別にしました。少し前で見た図をもう一度詳しく見てみましょうか？

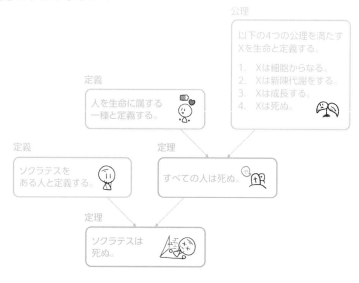

前ページの図からもわかるように、数学は論理記号で成り立つ公理系とそれから始まる多様な定義を論理的に組み合わせて新しい定理を発見する学問です。しかし、ここで1つ疑問が生じます。図の矢印(証明)はどんな根拠で描かれているのでしょうか？　これを研究する数学の分野が**証明理論**です。証明理論では、数学の証明でどんな規則が許されるかを研究します。たとえば「すべての人は死ぬ。ソクラテスは人だ。したがってソクラテスは死ぬ」というのは、論理的に正確な証明です。しかし、「ソクラテスは死ぬ。ソクラテスは人だ。したがってすべての人は死ぬ」ということは、まったくもって正しい証明ではありません。ソクラテスが1人死ぬからといって、すべての人が死ぬという一般化を証明できないからです。このように証明理論ではどんな論理的跳躍を許し、なにを許さないかを慎重に決定します。

　証明理論で最も有名な推論規則の1つは、**ゲルハルト・ゲンツェンの自然演繹法**です。　僕が数学が12の推論規則を使用すると言ったのは、ゲンツェンの自然演繹を念頭に置いていたからです。

ゲルハルト・ゲンツェンの自然演繹法

以下の12の推論規則を証明に使用することができる。

1.　そして追加：Pとqから$p \land q$を証明できる。

2.　そして除去：$p \land q$からpを証明できる[9]。

3.　または追加：pから$p \lor q$を証明できる[10]。

4.　または除去 (すべての場合を問う)：「Σとpからrを証明できる」と「Σとqからrを証明できる」から「Σと$p \lor q$からrを証明

できる」を証明することができる。

5. 否定追加 (帰謬法)：「Σとpからqを証明できる」と「Σとpから¬qを証明できる」から「Σから¬pを証明できる」を証明できる。

6. 否定除去 (二重否定)：¬¬pからpを証明できる。

7. 〜なら追加：「Σとpからqを証明できる」から「Σからp→qを証明できる」を証明できる。

8. 〜なら除去 (Modus Ponens)：pとp→qからqを証明できる。

9. ∀–追加 (一般化)：$P(t)$から$\forall xP(x)$を証明できる。ただし、tは自由変数。

10. ∀–除去 (特殊化)：$\forall xP(x)$から$P(c)$を証明できる。

11. ∃–追加：「$P(x)$がCを証明する」から「$\exists xP(x)$がCを証明する」ことができる。ただし、Cはxを自由変数としてもたない。

12. ∃–除去：「$\Sigma(x)$と$P(x)$がCを証明する」から「$\Sigma(x)$と$\exists xP(x)$がCを証明する」を証明することができる。ただし、Cはxを自由変数としてもたない。

以上の規則以外は使用することができない。

　ゲンツェンの自然演繹法は、最小限の規則で人間のすべての理性を完璧に表現します。みなさんが思い浮かべる推論も、その推論が論理的でさえあれば、ゲンツェンの12の規則を適切に利用して証

---

9 qを証明することもできる。

10 $q\lor p$を証明することもできる。

明することができます。高校の数学の時間に聞いたような**ド・モル**
ガンの法則や**対偶証明法**なども、すべて証明できます。しかし最小
限の規則のみでは、ゲンツェンの自然演繹法でなにかを証明するの
はかなり難しいです。付録にゲンツェンの自然演繹法を利用して
ド・モルガンの法則を証明する過程を収載しているので、論理学に
興味のある方はそちらを参考にしてください。

　前の例で「すべての生命は死ぬ」と「人は生命だ」から「すべて
の人は死ぬ」を推論することは、ゲンツェンの推論規則の中の∀-
除去に該当します。

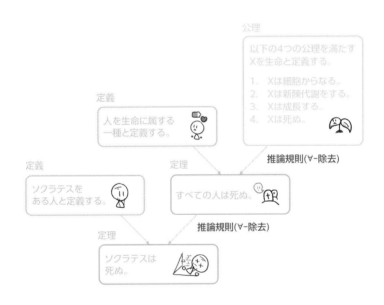

ゲンツェンの自然演繹法以外によく知られている証明理論に**ヒルベルト体系**があります。しかしヒルベルト体系は、ゲンツェンの自然演繹法に比べるとはるかに難解です。ヒルベルト体系があまりにも形式的なので、もう少し「自然的な推論」に近い規則をつくるために考案されたのが、ゲンツェンの自然演繹法なんです（ゲンツェンの自然演繹法さえも僕たちからしてみたらそれほど「自然」っぽくはないですが…）。

　証明理論を最後に数学の基本的な骨格はすべてわかりましたね！まとめると、数学者たちは公理系から始め、ゲンツェンの自然演繹法やヒルベルト体系などの証明理論に基づいて様々な定義と定理を組み合わせていきます。もちろん、数学者たちが証明をするとき、複雑な証明理論を頭の中で描き出しながら1行1行苦労して書いたりはしません。ただ論理的直観に頼って証明を続けます。証明理論は、そのような直観が実際に妥当であるか確認する形式的な理論なのです。

第 2 部

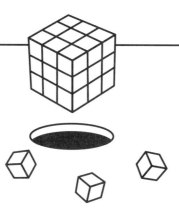

自由な雲が
浮かぶ
数学の野原

① 次元の限界を数学で超える

√(x)

アルセーヌ、お宝を盗む

　世界的に有名な盗賊アルセーヌは、ある博物館が数十億円の値がつくお宝を入手したという記事を読んで、すぐにお宝を盗む計画を立てました。事前調査の結果、お宝は紫色の箱の中に保管されており、少しでも触れると警報音が鳴る青色の最先端装置が設置されたという情報まで知り得ました。

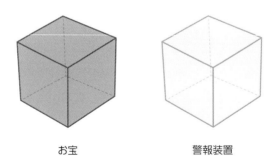

お宝　　　　　　　　警報装置

アルセーヌは万全の準備を整えてお宝を盗みにいきました。あらゆる監視の目をくぐり抜け、秘密の通路を見つけ出し、ついにお宝のある部屋に到着しました。しかし、そこで彼は困り果ててしまいました。お宝のかわりに警報装置でできた3×3のキューブしかなかったからです。

　計画通りなら、今自分がいる部屋にお宝がなければいけないのに、お宝が見えないなんて。しばらくしてアルセーヌは気づきました。厳重な保安のために博物館側がお宝を警報装置で取り囲んだということに。お宝はまさにそのキューブの真ん中にありました。

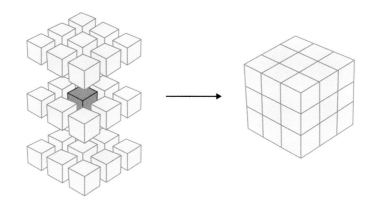

　状況はよくありません。青色の警報装置に触れずに中にあるお宝を取り出す方法はなさそうだからです。結局、アルセーヌはお宝をあきらめて引き返しましたとさ。おしまい。

アルセーヌ、お宝を盗む-続編

　なんという結末だ！　って？　まあ、結末はいつも僕たちの期待通りにはいかないものです。それに考えてみると、これはハッピーエンドですよ。盗賊がお宝を盗むのがかっこよく見えても、社会的にはよくないことですから。

　うーん…、でもどうせこれは本の中の話だから、想像力を発揮して話を少しおもしろくしてみます。もしかしたらアルセーヌがお宝を盗む方法を考える過程で、僕たちの数学的思考力を養えるかもしれないからです。

お宝が警報装置に囲まれていても、お宝を盗むのは完全に不可能ではありません。警報装置がどのようにお宝を囲んでいるかによって盗むことができるんですよ。たとえば、平らなお宝が下図のように平面に囲まれている場合を考えてみましょう。

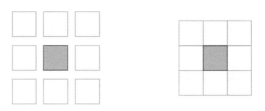

　僕たちの思考を平面に限定すれば、やはりお宝を持ち出すことは不可能です。しかし、僕たちの思考を立体に拡張したら、青色を動かさずにお宝を持ち出すことができます。方法は至って簡単です。お宝をただ持ち上げればいいんです。

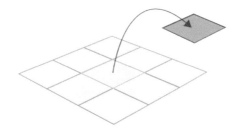

　平面では、お宝は縦と横のみ動きます。しかし、立体でのお宝は縦と横だけでなく垂直にも動くことができます。この新しい方向を利用すれば警報装置から抜け出すことができるのです。

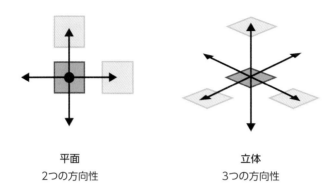

平面
2つの方向性

立体
3つの方向性

　物体の位置を表現するのに必要な方向の最小数を、その空間の**次元**といいます。平面では2つの方向（縦／横）ですべての位置を表現することができます。「横に+2m、縦に-1m」のように表現すれば平面のすべての位置を全部表現できるからです。だから平面は2次元です。一方、立体は3つの方向（縦／横／高さ）が必要です。したがって立体は3次元です。

> **次元**
> 与えられた空間にある点の位置を表現するために必要な数字の個数。

　1次元と0次元はどのようにできているのでしょうか？　物体が一方向にしか動けないということは、その物体は一直線にしか動けないという意味です。つまり、1次元は直線です。一方、0次元は物体がどの方向にも動けないということです。物体が一か所に固定されているという意味で、0次元は点です。

0次元	点
1次元	直線
2次元	平面
3次元	立体

　さっき僕たちは、2次元で何かに囲まれた図形は、3次元を通して抜け出せるということを知りました。これは次元を1つ下げても同じことです。次のように、1次元は直線状で青色の線分に囲まれた紫色の線分は、平面を通じて抜け出せます。

　次元が1つ増えると、図形が何かに囲まれていても新しく追加された方向を通じて外に抜け出すことができます。これを一般化すると以下のようになります。

高次元を通じて抜け出す

n次元に囲まれた図形は、$n+1$次元を通じて抜け出すことができる。

またアルセーヌのお宝の話に戻ります。アルセーヌが盗もうとしたお宝は、3次元で完全に囲まれていました（この図、僕がすごく一生懸命に作ったのでもう一度使います）。

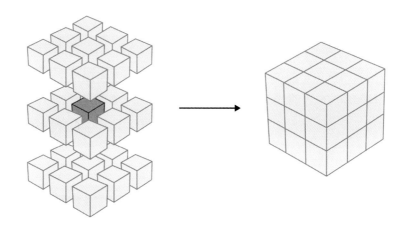

ここで知った事実を3次元で拡張して適用すれば、キューブの中に完全に封印されたお宝は常識的には取り出せないように見えますが、**4次元の空間を通じてならキューブを分解せずに取り出すことができる**のです。

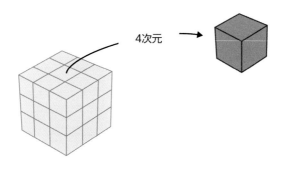

4次元

4次元は3次元に新しい方向を加えた次元です。4次元の生物は、この新しい方向を利用してキューブ内のお宝をいとも簡単に持っていくのです。僕たちが平面上のタイルを簡単に持ち上げるようにです。それに4次元の生物は、お宝を盗んで捕まって刑務所に入れられても、刑務所の外にたやすく脱出します。

　僕たちは一生を3次元で生きてきたので、縦、横、高さ以外の新しい方向はないと思っています。しかし、3次元を超える多くの次元は論理的に可能で、実際に存在する可能性もあります。超ひも理論によると、僕たちの宇宙は10次元以上でなければ、今のような状態を維持することができないといいます[1]。

　4次元の神秘さをもう少し知りたくないですか。**4次元では3次元の表と裏が一度に見えます**。これがどういうことなのかを理解するために、まず1次元下げて考えてみます。

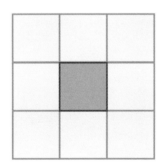

1　2000年代初めまでは、超ひも理論はかなり有望な理論でしたが、今は以前ほど有望ではありません。なので「宇宙は10次元だ！」などと人に言わないでくださいね。

僕たちのような3次元の生物からすると、前図のように警報装置(青色の四角形)と一緒にお宝(紫色の四角形)が見えます。でも2次元の生物は、お宝が警報装置に完全に隠れて見えないのです。彼らの立場からこの構造物を見てみると、構造物の境界である青色の線しか見えないでしょう。その中にお宝があるという事実もわかりません。しかし、僕たちは2次元にはない3次元の方向(高さ)から物を見下ろすことができるので、警報装置の外(枠)と内(中にあるお宝)を一度に確認することができます。

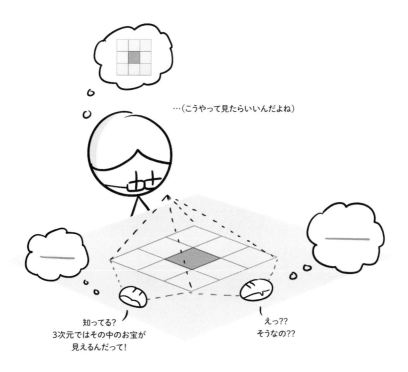

…(こうやって見たらいいんだよね)

知ってる?
3次元ではその中のお宝が
見えるんだって!

えっ??
そうなの??

同様に、3次元生物である僕たちには警報装置の外側だけ見えますが、4次元生物が次のキューブを見たら、僕たちには想像もできない方向からキューブの**外と中を一度に見ることができる**のです。さらに、4次元生物には、僕たちの顔と体の中の器官を一度に見ることができて、どの家に誰が住んでいるかはもちろん、地球の構造さえも一目で見えます。箱の中に閉じ込められた物を取り出すことができ、表と裏が一度に見える4次元の世界は、僕たちには妙な神秘感があり、僕たちの認識範囲を超える数多くの空間に対する想像を刺激します。4次元に新しい方向を加えると、5次元になり、このやり方で6次元、7次元まで考えることができますが、この本では4次元に集中したいと思います（4次元も十分楽しいんですよ！）。

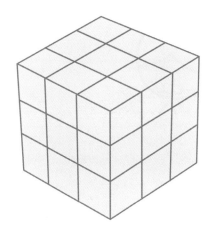

4次元のボールが3次元で転がるとしたら?

　4次元生物が3次元物体を見ると、表と裏が全部見えるという事実を学びました。ならば逆に、3次元生物が4次元生物を見たらどうなんでしょうか?　いきなりみなさんの前に**4次元のボール**が出現したら、どう見えるか想像してみましょうか?

　先ほど3次元で2次元がどのように見えるか思い浮かべたように、2次元では3次元がどのように見えるかを思い浮かべてください。たとえば、3次元のボールが下図のように2次元の平面を突き破って通り過ぎるとします。

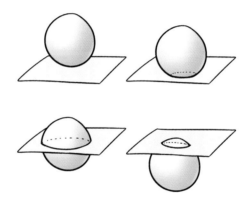

　2次元の平面に住んでいる人にとって、3次元ボールの動きがどう見えるのでしょうか?　2次元の人にとって、かなり入り乱れた現象が観察されるでしょう。2次元の人は3次元ボールの全体像を観察することができず、ただ3次元の球が2次元の平面につながる共面（きょうめん）の姿だけ見ることになります。そのために2次元の人は、なに

もなかった空間に突然現れた小さな円が少しずつ大きくなる姿を見ることになります。

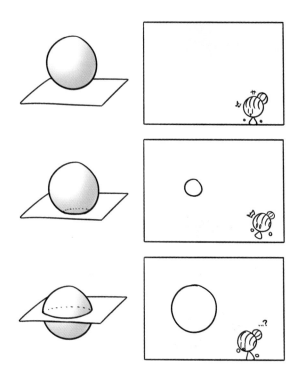

　実際、2次元の人が見ることができる図形は円ではなく、直線のみです。まるで僕たちが3次元の球を観察するときに実際に見えるのが円のように、です。けれども、僕たちが円の上の陰影から実際には球の一断面であることに気づくように、2次元の人も直線上の陰影から実際には円の一断面であることに気づくでしょう。したがって、この本では便宜上、2次元の人が2次元の図形を「見る」と

表現します。

　平面がボールの中心を通り過ぎると、ボールと平面の共面はまた小さくなります。そうしてボールが平面から完全に離れると、2次元の世界から円は完全に消えているでしょう。

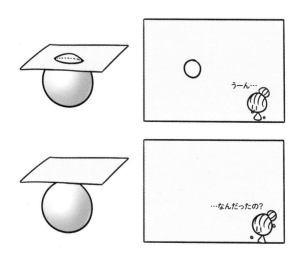

　では、もし4次元ボールが地球を通過したら、僕たちはどんな光景を見るのでしょうか？　突然出現したボールがどんどん大きくなる姿を見ることになります。そして、4次元ボールの中心が地球を過ぎる瞬間を起点にボールは少しずつ小さくなり、やがて消えるでしょう。

　僕たちは3次元に生きているので、3次元のボールが2次元の平面を過ぎるという場合は、すぐに理解することができます。しかし、4次元は見たことがないので、4次元ボールが3次元世界を通

り過ぎるとき、僕たちの目に見える現象を完全に理解するのは難しいです。

　今度は4次元キューブを落としてみましょうか？　4次元キューブは**テセラクト**と呼ばれます。テセラクトが机の前に落ちたら、みなさんはなにを見ることになるでしょう？　まず、2次元にいる人の前にキューブ(立方体)が落ちる状況を考えてみましょう。2次元の人が見る図形は、キューブがどの方向で落ちるかによって違います。もしキューブが下図のようにまっすぐ落ちたら、2次元の人は突然出現した大きな正方形がとどまり、一瞬で消えるのを目の当たりにします。

もしキューブが斜めに落ちたなら、2次元の人はもっと混乱した現象を見ます。2次元の人は、下図のように突然出現した三角形が五角形になったり、六角形になったり、正方形になったりして、ある瞬間消えるという現象を見るのです。

　テセラクトが3次元の地球に落ちるときも同様のことが起きます。もし机の上にテセラクトが落ちてきたら、みなさんは、突然出現したピラミッドが立方体になったり三角柱になったり、切られた

立方体の形になって一瞬で消える姿を見ることになります。陰謀論者たちは、古代の記録で時々見られる「突然出現してあれこれ姿を変えながら消える超越的存在」が、実は4次元生命体だと主張します。

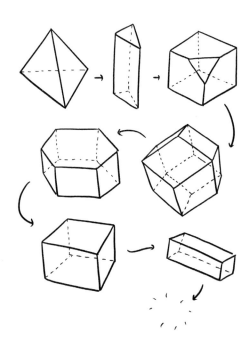

4次元の描き方

　2次元図形のうち曲線のない図形は多角形とよび、3次元図形のうちすべての面が平らな図形は多面体といいます。数学者たちは、すべての多角形と多面体を高次元に拡張した図形のことを**多胞体**<ruby>多胞体<rt>たほうたい</rt></ruby>（polytope）と呼びます。

*n*次元図形の中で「平らな」面をもつ図形を*n*次元多胞体と呼ぶ。

ここまで僕たちは、4次元キューブ（テセラクト）について話しながら4次元多胞体の不思議な特徴について知りました。しかし、多くの人が4次元多胞体の性質よりも4次元多胞体というのがどんな形なのか気になると思います。なので今回は、4次元多胞体を直接描いてみます！

本当かなって思うかもしれません。僕たちは3次元に生きているので4次元を描くなんて不可能です。でも、そうではないんです。たとえば、紙は2次元ですが紙にも立法体を描けるでしょう？

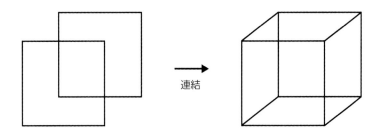

連結

立方体の図は、本質的に異なる位置にある2つの四角形を結ぶだけです。しかし、僕たちの脳は3次元の図形を認識するのに慣れているので、目の前にある図形を単純に「2つの正方形を連結した図

形」ではなく「3次元立方体の透視的表現」と認識できます。それで、平らな紙の上にも3次元の立体を描くことができるのです！同じ方法で、僕たちはテセラクトも描けます。下図のように、異なる位置にある2個の立方体を結べばいいのです。右図はテセラクトを透視的に表現したものです。

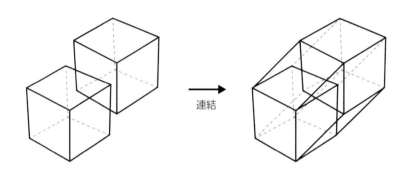

連結

　2つの正方形を結ぶ図形が立方体を透視的に表現するように、2つの立方体を結ぶ図形はテセラクトを透視的に表現します！　しかし、僕たちの脳は紙に投影されたキューブは認識できますが、テセラクトを認識できません。これは、あくまでも認識論的な限界に過ぎません。もし4次元に慣れた生命体がテセラクトの透視図を見たら、僕たちが立方体の透視図を見るのと同じように自然に認識するでしょう。

　テセラクトの透視図をもう少しよく理解するために、立方体の透視図をもう一度見てみましょう。次の図の各6面は正方形です。しかし、2次元にいる人はこの事実に反旗を翻し、こんなふうに言う

かもしれません。「下の図形が6つの正方形でできているって？いやいや、6つの面全部平行四辺形だけど？」。

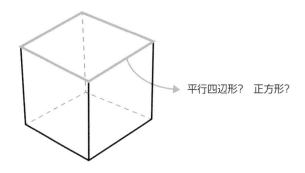

平行四辺形?　正方形?

　考えてみれば、2次元の人の話も正しいんです。しかし、僕たちは知っています。実際に正方形だけど、3次元の空間で斜めに見たために、平行四辺形のように見えるだけなのです。このように説明しても、2次元の人は絶対に理解できませんよね。

　テセラクトも同じです。テセラクトは、8つの立方体からなる4次元の図形です。しかし、僕たちの目にはテセラクトが2個の立方体と6個の斜めの立方体(平行六面体)として構成されているように見えます。6つの平行六面体も観察するのは簡単でありませんが、線を注意深くたどっていけば、6つの平行六面体を見つけることができます。平行六面体を見つけるのに役立つように、次ページの図では、6つの平行六面体の中の1つを表示しています。平行六面体は実際に正六面体ですが、4次元の軸から斜めに見ているために平行六面体のように見えるだけなのです。これも僕たちからすると、どうして可能なのかすぐにはわかりませんよね。

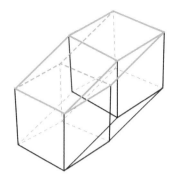

　では、少し違う観点から見てみます。テセラクトの展開図はどのようにできているのでしょうか？　まず、立方体の展開図は下図の通りです。

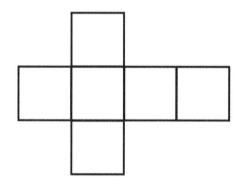

　この展開図を3次元で拡張すると、**テセラクトの展開図**を得ることができます[2]。

2　厳密に言えば、立方体の展開図を3次元に拡張させたものがテセラクトの展開図であることを証明しなければいけませんが、教養の水準を超えてしまうのでこの本では省略します。

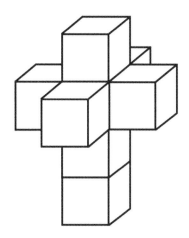

　先ほどテセラクトは8つの立方体で構成されていると言いましたが、テセラクトの展開図を見ると、この事実をもっと明確に確認できます。僕たちの目には7つの立方体が見え、1つの立方体は残りの立方体に囲まれていますよね。

　上の展開図は3次元で折り畳むことは不可能です。立方体の展開図を2次元で折れないようにです。しかし、4次元の空間では上の展開図を折ることができ、折った結果の透視図は右下図の通りです。

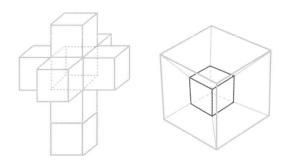

前ページ左の展開図で赤で示されている立方体は、青で示している立方体に包まれています。しかし、右の図を見ると2つ気になることがあります。まず、黄色の立方体はどこに行ったのでしょうか？　そして、先ほど確認したテセラクトの透視図は、同じ大きさの正六面体2つをつないだようだったのに、どうして透視図は違うのでしょうか？

　これを解決するために、もう一度3次元の立方体に話を戻します。僕たちの見慣れた立方体の透視図は左図のようです。しかし、右の透視図もやはり立方体の透視図です。立方体の上からまっすぐ見下ろしたというわけです。

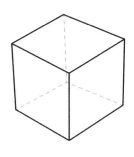

側面から斜めに見た
正六面体の透視図

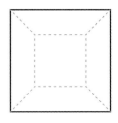

中央から見下ろした
正六面体の透視図

　一見、右の透視図は1つの正方形と、それを包む4つの台形で合計5つの面でのみ構成されているようです。しかし実際は、外側の大きな正方形もやはり立方体の一面なのです。

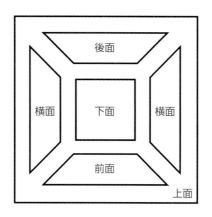

4次元でも同じ論理が適用されます。僕たちが最初に見た透視図と2番目に見た透視図は、テセラクトを見る視点により違って見えるだけで、どちらもすべてテセラクトの正しい透視図なのです。2番目のテセラクトの透視図は、7つの六面体として構成されているように見えますが、実は外側の大きな立方体がテセラクトの8番目の立方体です。展開図の黄色の立方体は、下図のように隠れていたのです！

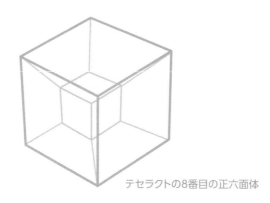

テセラクトの8番目の正六面体

百聞は一見に如かずというわけです。テセラクトを理解するのに役立つサイトのQRコードを載せています。一度確認してみてください。

回転するテセラクト
(出典：exploratoria)

テセラクト
展開図を折る
(出典：Vladimir Panfilow)

テセラクトと
立方体の展開図比較
(出典：Christopher Thomas)

最も単純な4次元の図形は？

しばらく4次元ではなくほかの話をします。カメラの三脚はなぜ3本脚なのかご存じですか？　これには、大きく2つの理由があります。1つ目は、材料を減らすためです。しかし、もう少し根本的な2つ目の理由とは、3つの点が常に唯一の平面をつくるから、というものです。どういう意味かというと、3つの点が与えられると常にその3点を含む平面が存在するという意味です。

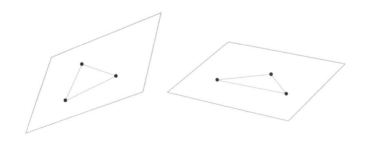

点がさらに与えられたら話は変わります。4つの点は左側のように1つの平面をつくりあげますが、一般的には右図のように平面を唯一決めることはできません。

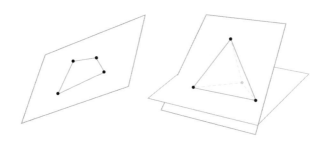

　もし三脚の脚が4本だったら、そのうちの1本が残りの3本の脚と成り立つ平面の上になく（言い換えれば、脚の中の1本が地面に着かず）、揺れることもあるので、カメラのスタンドとして使うのが難しかったのです。しかし、3本の脚はいつもすべて脚が地面に着くように安定して立てられるので、三脚は3本の脚をもっているのです。

　ここまでの話は、中学校の幾何学の時間に先生たちが定番として使う例です。僕は何度も何度もこの話を聞きました。でも、この話を聞くたびに少し疑問をもちました。3本の脚がそんなにいいなら、なぜ椅子の脚は4本なのでしょうか？

　多分、この本を読んでいる読者の方も脚が4本の椅子にすわっているでしょうし、片方の脚が地面と離れていて椅子が揺れるという経験をしたことがあるはずです。脚が3本なら、そんなこと起きなかったはずなのに、ですよね。この質問に対する答えは物理学と関連しています。椅子にすわった人がどれほど背もたれにもたれても

椅子が倒れないで耐えるかを計算してみると、脚が4本の椅子は脚が3本の椅子よりも2倍ほど後ろにもたれても倒れないのだそうです。脚が地面にぴったりくっついておらず、揺れるのはとても不便ですが危険ではありません。でも、脚が3本の椅子は背もたれに力を加えすぎると倒れやすいので危険です。だから、椅子の脚は4本で作られるのが最も効率的なのです。ちなみに、脚が4本の椅子が揺れたとき、紙を間にはさんだりしなくても直せる簡単な方法があります。この話はこの本の後半でまた話したいと思います！

　再び本論に戻ります。3つの点は1つの平面(2次元)を唯一決定します。一方、2つの点は1つの直線(1次元)を唯一決めます。2つの点を結ぶ直線はただ1つ存在するからです。言葉が少し変ですが、1つの点は1つの点(0次元)を唯一決めます。このことから、$n+1$個の点はn次元空間を唯一決定すると推測できます。この本ではこの事実を厳密に証明してはいませんが、この推測は事実です。したがって、4つの点は1つの空間を唯一決定するのです。
「1つの空間を唯一決定する」という言葉がなんかしっくりこないかもしれません。でも僕たちが感じる空間は、今僕たちが住んでいるこの場所、つまり1つしかないわけですから。しかし、3次元の空間に複数の2次元の平面が存在するように、4次元の空間にもいくつかの3次元空間が存在します(次のページの図を参照)。4つの点は4次元の空間に存在する複数の3次元空間のうちの1つを唯一決定します。

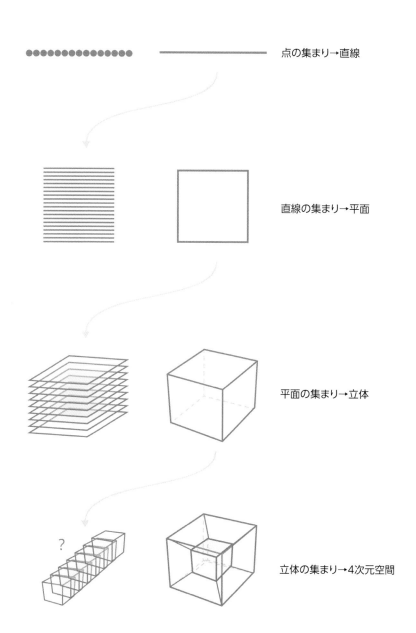

点の集まり→直線

直線の集まり→平面

平面の集まり→立体

立体の集まり→4次元空間

$n+1$個の点がn次元空間を唯一決定するとき、$n+1$個の点をすべて連結すると三角形に似た多胞体ができます。3つの点が唯一平面を決定するとき、その点をすべて結んだら三角形を得られ、4つの点が唯一空間を決定するとき、その点をすべて結ぶと、三角形の3次元バージョンである四面体を得ます。直線、三角形、四面体などのように特定の次元で描くことができる最も「単純な」図形を**シンプレックス**（simplex）と呼びます。

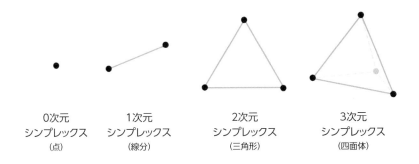

| 0次元
シンプレックス
（点） | 1次元
シンプレックス
（線分） | 2次元
シンプレックス
（三角形） | 3次元
シンプレックス
（四面体） |

> **シンプレックス（単体）**
>
> n次元空間を決める$n+1$個の点をつなぐ凸多胞体[3]をシンプレックスという。シンプレックスは三角形の一般化だといえる。
>
> シンプレックスのうち、すべての辺や面などの大きさが同じ多胞体を正シンプレックス (regular simplex) と呼ぶ。
>
> 2次元正シンプレックスは正三角形、3次元正シンプレックスは正四面体だ。

3　第1部の「凸の定義」によると三角形や正四面体なども凸の図形です。

4次元正シンプレックスは**正五胞体**（5-cell）と呼びます。テセラクトと同様に、正五胞体の姿は3次元空間で完全に表すことはできませんが、透視図は描くことができます。正五胞体の透視図は5つの点を結んだ姿です。

正五胞体の透視図

　これまでの内容をもとに、正五胞体の透視図を解析してみます。名前からわかるように、正五胞体は5つの正四面体から成り立つ多胞体です。4つの正四面体は探しやすいです。下図のようにです。

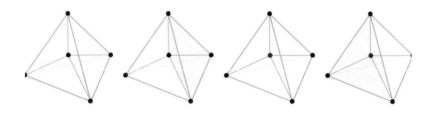

　最後の5番目の正四面体は、最初の透視図に見える大きな正四面体そのものです。しかし、なぜ正四面体が平たく見えるのでしょう

か？　4次元の空間では斜めに見えているからです。三角形が平面を決定する最も単純な図形であるように、五胞体は4次元で特定空間を決定する最も単純な図形なのです。

宇宙の形を探検しよう

今まで高次元について扱ってきました。高次元の話を終える前に、数学史のエピソードを見てみましょう。**ポアンカレの予想**についてのお話です。

みなさん、第1部でお話しした位相同型の概念を覚えていますか？　図形Aをもむだけで図形Bに変えることができるなら、AとBは位相同型だとお話ししましたよね。ポアンカレの予想は、ある図形が球面と位相同型であるための定理です。ポアンカレの予想は次の通りです。

ポアンカレの予想

3次元空間ですべての閉曲線が1つの点に集まっているなら、その空間は3次元球面と位相同型だ。

う〜ん、どういう意味かさっぱりわかりませんね。まあ、心配しないでください。今から詳しく説明します。先に問題を1つ出しますね。かなりこんがらがる問題なので、よく考えてみてください。

• 球面は 2 次元の図形か、3 次元の図形か？

ほとんどの方が 3 次元だと答えたいかもしれませんが、僕が「かなりこんがらがる問題」だと言ったので、答えるのを躊躇したかもしれませんね。実際、球面は 2 次元図形です。なぜかは、第 2 部の前半に登場した次元の定義を思い出してください。

> **次元**
> 与えられた空間にある点の位置を表現するために必要な数字の個数。

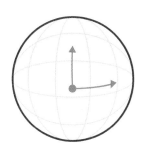

球面上の点を表現するためには緯度と経度、たった 2 つの数字のみが必要です。そして球面上で移動できる方向は縦と横、2 つしかありません。したがって球面は 2 次元です。**ボールは 3 次元ですが、球面は 2 次元です**[4]。なので、地球の地表面などと同じ大きな球面上に立っていると、自分が立っている所が平面だと思ったりもします。実際には、3 次元の空間の中で曲がった 2 次元の平面であるにもかかわらずです。一般的に次のような事実が成立します。

4　数学でボール (ball) は球面内部の点をすべて含む図形を指します。つまり、球面は中が空っぽであり、ボールは内部が詰まっている図形です。正確に言うならば、球 (sphere) は中が空っぽであることを意味しており、球面は非標準用語です。この本では教養の水準を考慮して、数学が専門でない人が理解しやすい用語を使用しました。

このことを念頭に置いて、もう一度ポアンカレの予想の話に戻ります。そしてポアンカレの予想に入る前に、もう少しわかりやすい2次元でのポアンカレの予想を取り上げてみたいと思います。

このポアンカレの予想はどういう意味でしょうか？　下の左図のように2次元球面と位相同型である図形の場合、図形の周りを糸(閉曲線)で巻いた後、糸を縮めると糸は1つの点に集まります。しかし、球面と位相同型ではない2次元図形の場合には話が違ってきます。右図のドーナツの表面を例にとると、糸がドーナツの穴の間を通る場合は、糸が穴の壁でひっかかり1つの点に集まることはできません。

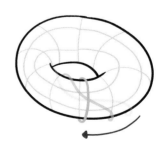

一般的に、ある2次元図形にその図形を囲むすべての閉曲線が1つの点に集まるならば、その図形は2次元球面と位相同型です。一方、1つの点に集まらない閉曲線が存在するならば、その図形は球面と位相同型ではありません。

　2次元でのこの事実は位相数学的に証明されています。しかし、ポアンカレはこれと同じ性質が高次元でも成立するか気になりました。もう一度ポアンカレの予想に戻ります。

ポアンカレの予想

3次元空間ですべての閉曲線が1つの点に集まることができれば、その空間は3次元の球面と位相同型である。

　3次元の球面は、4次元のボールの境界です。もう一度強調するならば、3次元の球面は3次元のボールの球面を意味するわけではないのです（はい、僕自身もかなり混乱しています）。3次元の球面は、4次元の空間の中で曲がっているために、僕たちが頭の中で思い浮かべられないような状態になっています。

　ポアンカレの予想は次の話で理解することができます。2次元生命体であるディメンは、大きなドーナツ型の惑星に住んでいます。惑星はあまりにも大きすぎるので、ディメンは自分がドーナツの上に住んでいるのかどうかわかりません。ある日、ディメンは自分の惑星がどんな形をしているのか知りたくなりました。悩んだ挙句、ディメンは長いロープを持ってきて片端に自分の家を縛り、もう一方の片端を自分の腰にくくりつけ、あちこち歩き回って家に帰って

きました。その後、ロープをぐっと引っ張りました。ほとんどの場合、ディメンはロープをすべて回収することができました。しかし、あるときは、ディメンがロープを引っ張ってもロープがどこかで引っかかっているかのように引っ張ることができませんでした。これを根拠にディメンは、自分が住んでいる惑星には2次元生物である自分には見えないが、3次元の空間には見える穴があることを知ったのです。

　もしポアンカレの予想が正しいのならば、僕たちも似た方法で宇宙の形を知ることができます[5]。宇宙の大きさほど長いロープを準備して（もうこの段階から現実的に不可能ですよね…）、片端に地球をくくり、もう一方の片端にはロケットをくくった後、ロケットを発射させて宇宙の空間をあちこち走り回った後、地球に帰還させます。その後、ロープを持って引っ張ります。もし、ロープがいつも回収できるならば、宇宙には穴がありません。しかし、もしロープが回収不可能なことがあれば、宇宙には僕たちには見えない4次元の穴が少なくとも1つは存在するという意味です。つまり、宇宙は4次元ドーナツ（または穴がいくつもあいたドーナツ）の平面と位相同型という意味です。

　1900年にポアンカレが提示したこの予想は、なんと100年間も解けなかった難題中の難題でした。それでも、この問題がもつ数学的重要性がとても大きかったので、2000年に指定された7つのミレニ

[5]　第1部で扱った宇宙の姿は宇宙の曲率に集中し、この章で扱う宇宙の形は宇宙の位相、つまり宇宙の「穴」に集中します。

アム問題の中の1つとして採択されました。ミレニアム問題はクレイ数学研究所 (Clay Mathematics Institute) で定めた21世紀社会に大きく貢献できる難題であり、1つの問題を解くたびに100万ドル (約1億3000万円) の賞金が与えられます (なんという…、純粋数学はいつもお金を稼げない学問ではなかったんですね)。

　しかし、ただ単に賞金が100万ドルというわけではありません。2000年に指定された7つのミレニアム問題のうち、21年が過ぎた今でも解決された問題はたった1つだけです。その1つがまさにポアンカレの予想です。しかし、この問題が解決された経緯がかなり珍しいものでした。

　2002年、グリゴリー・ペレルマン (Grigori Perelman) が、arXiv (アーカイブ) というインターネットの論文サイトにポアンカレの予想を証

明したという主張とともに、自分の証明の概要を盛り込んだプレプリント (preprint) を掲載しました。プレプリントとは、正式に審査を受けていない論文のことです。論文の審査は、時間がかなりかかるので、最近はプレプリント形式で自分の結果を事前に公開することで、学界内での討論がさらに積極的に行われるようになり、また誰が先に該当テーマに対する成果を挙げたか確実にわかるようにしています。もちろん隅から隅まで確認した後、プレプリントが間違っていたと判明することも多くあります。

　ペレルマンは数学界ではほとんど知られていませんでした。大多数の数学者は「なーに、アマチュアがポアンカレの予想に挑戦したけど、どうせどっかで失敗さ」くらいに思っていました。数学界には、自分が難題を証明したと主張するアマチュア数学者がみなさんが思っているよりも本当に多いんです。今もフェイスブックやインターネットコミュニティを見渡すと、自分が**リーマン仮説**を証明したと言ったり、**フェルマーの最終定理**の簡単な証明を発見したと主張したりする人がいます。案の定、何日もしないうちにペレルマンの論文で深刻な欠点が多数発見され、彼の論文は廃棄されました。

　……ではなかったんです！　その後約3年にわたって行われた検証の結果、ペレルマンの論文は正確であることが判明しました。さらに、その論文はポアンカレの予想について証明するだけではなく、数学を大きく進歩させるほどの独創的なアイデアがつまっていました。この功績でペレルマンは一躍スターになり、彼に多くの教授職の提案や講演の要請が入りました（多分、講演は一度で数百万円を与えるという話だったはずです）。クレイ数学研究所では、ミレニアム問題

　の賞金100万ドルを与えると言い、国際数学連盟では彼に数学者の最高名誉であるフィールズ賞を授与すると言いました。

　しかし、ペレルマンは、これらのすべての名誉と賞金を断ったのです！　ペレルマンは「証明が正しいのならば他の名誉はいらない。私は動物園の動物のように他人の見せ物になるのが嫌だ」と言って、メディアのインタビューにも応じませんでした[6]。実は、ペ

6　それでも、2006年、国際数学連盟はペレルマンにフィールズ賞を授与しました。ペレルマンはこの授与式に出席せず、歴史上初めて受賞者が出席していないフィールズ賞授与式が行われました。

レルマンは学生時代に国際数学オリンピックで満点で金メダルを獲り、その後、数学研究所では素晴らしい実績を出して教授職の推薦まで受けていました。しかし、公的な地位を一切拒否して研究にのみ専念したので、数学界では名前があまり知られていなかったのです。ポアンカレの予想を解く前から、彼は世界の注目を受けるのを嫌がっていたのです。

　それにもかかわらず、メディアがしつこく彼にインタビューをしようとすると、怒ったペレルマンは隠遁生活を始めました。ペレルマンが隠遁生活を選んだのには、シン＝トゥン・ヤウ (Shing-Tung Yau) という数学者とのいざこざも一役買いました。シン＝トゥン・ヤウは、ハーバード大学の教授としてとても有名な数学者です。彼は、弟子たちとともにポアンカレの予想を解くために長い時間を費やしました。ところが、ペレルマンがシン＝トゥン・ヤウよりも先に証明を成功してしまったのです。しかし、シン＝トゥン・ヤウは「ペレルマンの証明は完全じゃない」と反旗を翻し「(ペレルマンよりも遅い) 自分の証明こそが完全だ」と主張しました。世間の評価によると、ペレルマンの証明は天才そのものの論文だったので詳しい説明が抜けていましたが、論理的には完璧だったといいます。しかし、シン＝トゥン・ヤウは自分の広い人脈を活用して、審査もなしに自分の論文を学術誌に掲載し、シン＝トゥン・ヤウの権威に圧迫を感じた数学界は、少しずつシン＝トゥン・ヤウの味方につくようになりました。これに腹を立てたペレルマンは「主流数学界の道徳的基準に失望した」と述べてから、行方をくらましました。

　数学は、紙と鉛筆だけで汎宇宙的な真理を見つけ出す美しい学問

です。ペレルマンは「私は宇宙の扱い方を知っている。なぜ100万ドルが必要か？」という言葉を残して、賞金を断りました。ペレルマンは、権力と富のための戦いに満ちた現実世界を飛び越えて、美しい論理で宇宙の秘密を掘り下げる人生を生きたかったために、数学者という道を選びました。しかし、そのような数学者の人生さえ人の利己的な闘争から自由にはなりま

せんでした。ペレルマンの話は、数学者の理想と現実の乖離を見せてくれた切ないエピソードです。ペレルマンの逸話を最後に高次元についての話は終わりました。高次元についてもっとお話ししたいのですが、これくらいがちょうどよさそうです。

　次元は、幼い頃から僕にとって本当にかっこよくて魅力的なテーマでした。数学的に存在するけれど僕が認知できない未知の世界は、小説の中のファンタジー世界に負けず劣らず僕の好奇心を刺激しました。中学生のときには、ノートに正五胞体やテセラクトのような4次元多胞体を描いては、しばらくじっと見ているだけのこともありました。釈迦が木の下で瞑想ばかりして真理に気づいたように、僕も4次元多胞体をずっと見ていればその世界がわかるんじゃ

ないかと思ったんです。もちろん僕は、結局4次元を理解できません
でした。しかし、4次元に対する憧れは、僕が数学をもっと好き
になった1つのきっかけではなかったかなと思います。僕がそうだ
ったように、みなさんも4次元の話を通じて数学の世界だけで広が
る自由を満喫していただきたいです。次の章では、数学の自由を見
せてくれるもう1つの例「無限」について話したいと思います。

> 数学の本質はその自由にある。
>
> ゲオルク・カントール

② 無限を超え、さらなる無限な無限へ

無限ホテルへようこそ

　4次元移動術を身につけてお宝を盗むのに成功したアルセーヌは、4次元を飛び越えたため力を使い果たし疲れてしまい、近くに泊まれる場所を探しました。しかし、そんなときに限って繁忙期で、アルセーヌが訪ねたすべてのホテルの部屋はすでにいっぱいでした。疲れた体で町を歩き続けていたアルセーヌは、突然、不思議な名前のホテルを見つけました。

ヒルベルトの無限ホテル

無限ホテルへようこそ！

当ホテルには部屋が無限にあります！

部屋がないなんて心配する必要はございません！

「部屋が無限にあると…？」たしかに、さっきアルセーヌは4次元を通じてお宝を盗んだ直後だったので話の蓋然性(がいぜんせい)などどうでもよかったのです。アルセーヌは、無限ホテルなら自分が泊まれる部屋があると確信しました。

「いらっしゃいませ」

　無限ホテルのホテリエ、ディメンがアルセーヌに挨拶をしました。

「ここに一晩泊まりたいんですが」

　アルセーヌの言葉を聞いて、ディメンは困った顔で言いました。

「ああ、そうですか…。お客様、申し訳ございませんが、ただ今繁忙期でして無限ホテルの部屋がいっぱいでございます」

　アルセーヌは混乱しました。

「いやいや、無限に部屋があるって言ってたでしょ？　もしかして誇大広告だったんですか？」

「いいえ、お客様。私たちは、たしかに無限に多くの部屋をもっております。しかし、繁忙期の真っ只中なため、すでに無限に多くの方が当ホテルにいらしています。申し訳ございませんが、今残っている部屋は1つもございません」

　無限に多くの部屋に無限に多くの人でいっぱいだなんて、アルセーヌはいいことがない日だと思いました。そうして、落胆したアルセーヌがホテルを出ようとしたとき、突然名案を思いついたディメンはアルセーヌを呼び止めました。

「お客様、いい方法を思いつきました。お客様のためにお部屋を1つご用意させていただくことができそうです。少々お待ちいただけますか？」

俺の部屋…。

…

　ディメンはすぐに案内放送を始めました。
「あー。ヒルベルト無限ホテルをご利用いただいているお客様にご
案内いたします。申し訳ございませんが、ホテル内の事情でお客様
全員が客室を移動していただかなければなりません。1番部屋のお
客様は2番へ、2番部屋のお客様は3番へ、3番部屋のお客様は4番
へ、このようにn番部屋のお客様は$n+1$番部屋に移動していただく
ようお願いいたします。ご迷惑をおかけし、申し訳ございません」

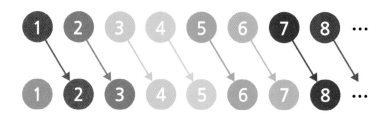

灰色は空いている部屋を意味している。

　放送が終わり、ざわざわする声が数分聞こえたけれど、すぐに落
ち着きました。移動が終わったようです。ディメンは満足気な表情
で、空いている1番の部屋にアルセーヌを案内しました。ディメン

は、**無限に多くの人でいっぱいのホテルで、誰も追い出さずに1つの部屋を空けました**。アルセーヌは1番部屋に入り、ディメンはフロントに戻ってきました。

　数時間後、ホテルの外で騒がしい音がしました。外に出てみたら、ディメンは信じられない光景を目の当たりにしました。無限に多くの人を乗せたバスがホテルの前に止まっていたのです。

　ガイドっぽい人がバスを降りて、無限に多くの人たちが泊まれる部屋があるかを尋ねました。ディメンはしばらく考え込みました。

　一度、ここで話を終えますね。この話はヒルベルトという数学者が考案しました。ヒルベルトという名前には聞き覚えがありますよね？　第1部でヒルベルトプログラム、ヒルベルト公理系、ヒルベルト体系など何度も登場した名前ですから。ヒルベルトは20世紀数学の巨匠として、無限についても関心が高かったのです。そんな彼が考案したヒルベルトのホテルの話は、無限という概念が僕たちの直観とどれほどずれているかをよく示しています。今、ディメンは無限に多くの人が泊まっているホテルで、誰も追い出さずに無限に多くの人のために部屋をつくらなければなりません。みなさんならどうしますか？

ディメンはガイドに可能だと伝えた後、放送室に入りました。再びディメンの案内放送が始まりました。

「お客様に再度ご案内申し上げます。申し訳ございませんが、もう一度部屋の移動をお願いいたします。1番部屋のお客様は2番部屋に、2番部屋のお客様は4番部屋に、3番部屋のお客様は6番部屋に、このようにn番部屋のお客様は$2n$番に移動してください」

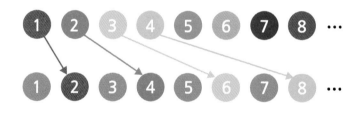

ざわざわする声が聞こえて、また静かになりました。奇数番号の部屋がすべて空きました。ディメンは満足気な表情をして、ガイドに無限に多くの部屋を準備したと言いました。バスの1番座席の人は1番部屋に、2番座席の人は3番部屋に、3番座席の人は5番部屋に、このように無限バスのすべての乗客に部屋を割り当てた後、ディメンは再びフロントに戻りました。

数時間後、また騒がしい音が聞こえました。外に出ると信じられ

ない光景がありました。無限に多くの人を乗せた無限に多くのバス
があったのです！

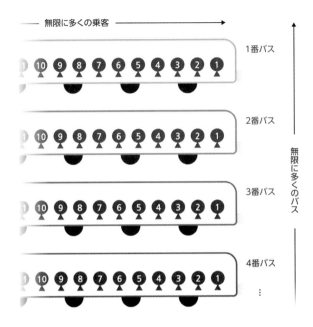

ディメンは気が遠くなりましたが、すぐに落ち着きを取り戻し、ど
うやってすべての人のために部屋を準備できるか悩みました。みなさ
んも一緒に悩んでみてもらえますか？

ディメンの悩み-2

ホテルの前に無限に多くの人を乗せたバスが無限に多く到着した。
どうやったら誰も追い出さずにすべての人に部屋を準備できるだろ
うか？

またまた名案を思いついたディメンは放送室に入り、ホテルに泊まっているお客様に次のように知らせました。

「お客様に再度ご案内させていただきます。申し訳ございませんが、もう一度部屋の移動をお願いいたします。1番部屋のお客様は2番部屋に、2番部屋のお客様は4番部屋に、3番部屋のお客様は8番部屋に、このようにn番部屋のお客様は2^n番部屋に移動していただきますようお願いいたします。ご迷惑をおかけいたしましたこと、お詫び申し上げます。みなさまのご協力に感謝いたします」

　そしてバスに乗った乗客には次のように案内しました。

「みなさまのお部屋は次のような規則で割り当てました。n番バスのk番座席にご乗車している方は『$n+1$番目素数のk乗のお部屋』にお入りください。たとえば、3番バスの2番座席にご乗車の方は、4番目素数の2乗（7^2）、つまり49番部屋にお入りください」

指数はバスに乗車した乗客と対応

$(n+1)$番目の素数 ^{k}

無限に多くの素数は無限に多くのバスに対応

　互いに異なる2つの素数の2乗が同じにはならないので、このような方式で部屋を割り当てると、どの人にも同じ部屋を割り当てることにはなりません。また、素数と自然数の個数は無限なので、すべての人が自分だけの部屋をもつことができます！　しかし、さらに興味深い事実があります。このような方法で部屋を割り当てると、実際には部屋は残ります。なぜなら、6番部屋のように素数の2乗でもない部屋は、誰にも割り当てられないからです。もっと言

うと、ほとんどの部屋が残ります。下の図で黒で示されている部屋は、すでに無限ホテルに泊まっていたお客様が新たに割り当てられた部屋です。有彩色で塗られた部屋は、該当する色のバスに乗った乗客たちが割り当てられる部屋です。灰色で塗られている部屋は誰にも割り当てられていない部屋です。空いている部屋の数が圧倒的に多いことが確認できます。

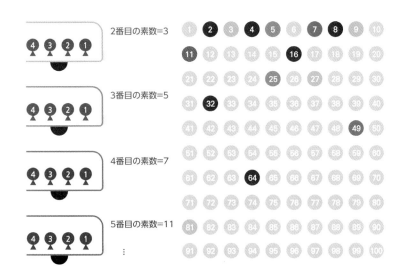

これから僕たちは、無限の不可思議な特徴を垣間見ることになります。無限はたしたり、かけたり、ましてや2乗にしたとしてもそれ以上大きくなりません。むしろ無限は、無限の2乗（無限名の人×無限台のバス）を全部含めても残ることができます。

この章では、ヒルベルトのホテルと同じような**無限の不可思議さ**について話してみようかと思います。第1部で数学は直観に頼ってはいけない、論理で慎重にアプローチしなければならない学問だと

言いました。無限に関する数学は特にそうです。無限に関する数学では、直観とずれた結果があまりにも多いからです。たとえば、以下のクイズを解いてみませんか？

0.999…の実体？

0.999…は小数点の後に9が無限にある数だ。

次のうち0.999…と関連した説明の中で正しいものは？

　　a. 0.999…は1よりも小さい。

　　b. 0.999…は1に等しい。

　　c. 0.999…は1に限りなく近づいている数だ。

　正解はbです。常識的には小数点の後に9がいくら多くても、小数点の前の数字が0なので1よりも小さい数になりそうですが、そうではありません。0.999…と1は正確に一致します。0.999…は1に「近づいている数」でもなく、明確な1です。

　みなさんが理解しているかを確認するために問題を出します。小学生のとき習った、**小数の切り捨て**を覚えていますか？　1.2を切り捨てたら1になり、2.91を切り捨てたら2になります。ならば0.999…を捨てたらどうなるでしょうか？　0だと思ったのなら、残念ですが間違いです。0.999...と1は完全に同じ数なので、0.999…を切り捨てることは1を切り捨てるのと同じで、1を切り捨ててみても1なので答えは1です。

　0.999…が1である理由は、かなり簡単に説明することができます。僕たちがまだ慣れ親しみのある次の式の両辺に3をかけます。

$$1/3 = 0.3333\cdots$$

$$1/3 \times 3 = 0.3333\cdots \times 3$$

$$1 = 0.9999\cdots$$

しかし、0.999…が1であることを心から受け入れるにはまだ難しいですよね。そして、上の論証はもっともらしいですが、無限小数でも通常的な小数かけ算の規則が成立するという保証がないので、数学的に言うならば正確ではない論証です。

もう少し正確な説明は、実数の定義と関連があります。高校の数学では、**実数は完備性、順序性、そして体の構造をもつ集合として定義します**[7]。順序性は大きさの比較が可能であるという意味で（1.2 < 2.3のような比較が可能）、体の構造をもっているというのは「0で割る」を除外したすべての四則演算が可能だという意味です。完備性の意味はこれよりもう少し複雑です。

実数の完備性

空集合ではない実数の部分集合が有界をもつ場合、上限が存在する。

上の命題がどんな意味なのかは扱わないようにします。気になる方は左のQRコードを通じて実数の完備性について僕が作成した投稿（韓国語です）を読んでいた

7　完備性、順序性、そして体の構造のすべてをもつ集合は、実数の集合以外にないことが証明されています。たとえば、自然数の集合内ではわり算がいつも可能ではないため、自然数は体の構造をもちません。整数は完備性をもたず、複素数の集合は順序体になることはできません。

だけるといいと思います。これよりもみなさんが知っておくべき点は、実数の順序性と完備性から以下の定理を誘導できるという事実です。

実数の順序性と完備性の系定理

2つの実数a、bに対し

aとbの間にある実数が存在するならば、$a \neq b$である。

aとbの間になんの実数も存在しないならば、$a = b$である。

たとえば、0と1の間には0.5が存在するため0と1は違う数です。しかし、0と0の間に存在する数字はないため0と0は同じ数です。

上記の系定理がとても当たり前に感じますか？ もし上の系定理が当たり前に見えるなら、0.999…と1が同じという事実も当たり前に感じなければいけません。なぜなら**0.999…と1の間に存在する数はないからです**。たまに、0.999…に9を1つ追加した数は、0.999…と1の間にあると主張する人もいますが、0.999…に9を1つ追加したところで0.999…なので、この主張は妥当ではありません。

このように無限に関連する研究は、かなり非直観的な結論を頻繁に出すので、数学史で激しい議論を引き起こしてきました。無限と関連した数学の大家の一人であるゲオルク・カントール（Georg Cantor）は、彼の研究に反対する学者たちの非難のせいでうつ病にかかり、結局精神科病院で栄養失調になり、亡くなりました。しかし、カントールの驚くべきアイデアは後代にその真価を認められ、現代数学の核心的な役割を果たしています。今からこの理論につい

てお話ししましょう。

すべての無限は同じではない

　カントールの理論は、**すべての無限は同じではないという事実**から始まります。たとえば、すべての自然数と実数は無限に多いです。ただし、自然数は数直線上にまばらに存在しますが、実数は数直線上をぎっしりとふさいでいます。そのせいで自然数の無限よりも実数の無限が「より密な無限」とか「より大きな無限」と定義したくなるものです。カントールは、このように様々な類型の無限を分類する問題に興味をもっていました。

　カントールの理論に入る前に、第1部の位相数学で少しだけ登場した**1対1対応**の概念を覚えていますか？　集合Aのすべての元素が唯一集合Bの元素に対応し、集合Bの元素のうち集合Aと対応できない元素が存在しないとき、このような対応関係を1対1対応といいます。

　もし2つの有限集合の間に1対1対応が存在するなら、2つの有限集合は同じ大きさの有限集合です。これは当然ですね。カントールはこの事実を無限集合のときに拡張しました。カントール理論によると、1対1対応関係が存在する2つの無限集合の大きさは同じです。ただ大きさという用語は多様な状況で少しずつ異なる意味として使われるので、カントールの理論では無限集合の大きさは**基数**（濃度、cardinality）と呼ばれます。

上記の定義から下記の系定理を得ることができます。

　たとえば、**奇数の集合**と**偶数の集合**は同じ基数です。奇数は自分
自身に1をたした数と偶数は自分自身から1をひいた数と、それぞ
れ対応関係になります。つまり、すべての奇数と偶数が1対1で対
応します。したがって偶数と奇数は同じ基数です。

　別の例を挙げてみます。0を含む自然数の集合を拡張された自然
数の集合と呼びましょう。**自然数の集合**と**拡張された自然数の集合**

の大きさを比較してみましょうか？　直観的には、拡張された自然数の集合が自然数の集合よりももっと大きいはずです。しかし、拡張された自然数の集合の各元素に1をたすと、すべての元素を自然数に対応させることができます。反対に、自然数の集合の各元素から1をひくと、すべての元素を拡張された自然数に対応させることができます。したがって、2つの集合は同じ基数です。

自然数

拡張された自然数

　自然数の集合と偶数の集合も同じ基数です。自然数に2をかけた数と偶数を2でわった数が1対1で対応するためです。

自然数

÷2 ⌢ 1　2　3　4　5 ⌣ ×2
　　　 2　4　6　8　10

偶数

自然数の集合と同じ基数の集合、つまり偶数の集合、奇数の集合、拡張された自然数の集合などを数えられる集合、または**可算集合**<ruby>か<rt>か</rt></ruby><ruby>さんしゅう<rt>さんしゅう</rt></ruby><ruby>ごう<rt>ごう</rt></ruby>（countable set）と呼びます。

> **可算集合（数えられる集合）**
> 自然数の集合と同じ基数の集合を可算集合という。

　可算集合のもう1つの例は**整数の集合**です。下図のように右に左に行ったり来たりしながら整数を数えると0は1と、1は2と、−1は3と、2は4に対応します。すべての整数と自然数を対応させることができるので、整数も可算集合です。

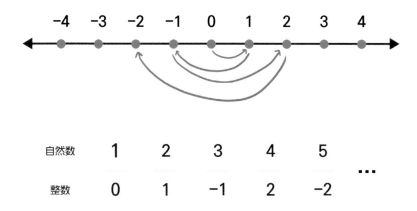

　難易度を一段階アップグレードしてみます。**格子点**<ruby>こう<rt>こう</rt></ruby><ruby>し<rt>し</rt></ruby><ruby>てん<rt>てん</rt></ruby>とは、座標の各成分が整数である点をいいます。次ページの図で、灰色の点を除く4つの点はすべて格子点です。

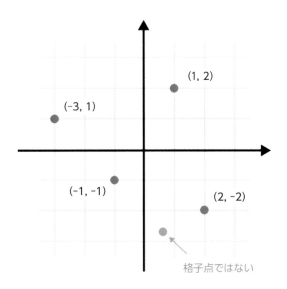

（1, 2）

（−3, 1）

（−1, −1）

（2, −2）

格子点ではない

　直観的に、格子点の集合は自然数の集合よりもはるかに大きいようです。格子点は、1次元数直線上に存在する自然数と異なり、2次元平面の上で果てしなく広がっているからです。しかし、格子点集合もやはり可算集合です。右下図のように中央から始まり、らせん模様でくるくる回りながら格子点に番号をつけると、すべての格子点にもれなく自然数に対応させることができます。

　ところで、今しているこの話、なんか聞き慣れていませんか？　そうです、ヒルベルトの無限ホテルで無限に多くの人をホテルの中に入れようとしたのと似ていますね！　ヒルベルトの無限ホテルには自然数の数だ

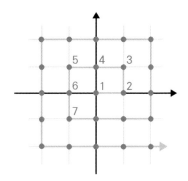

けの大きさの客室、つまり可算個の客室が存在します。すべての部屋が埋まっている状態でお客さんが来ても問題がなかったのは、**拡張された自然数の集合もやはり可算集合だったから**です。無限に多くの人が来ても部屋を与えることができたのは、**整数集合が可算集合だから**です。一方、無限に多くの人が乗るバスが無限に多く来ても、部屋を与えられたのは、**格子点集合が可算集合だったから**です。

　先ほど、僕たちは素数の累乗を利用して無限台のバスに乗っている無限人のお客さんに部屋を与えました。しかし、今の説明のようにそれぞれのお客さんを座標平面上の格子点に表現した後、らせん形に回しながら部屋を割り当てる方法を使っても大丈夫です。

ヒルベルトの無限ホテル	カントールの理論
客がもう1人来ても部屋を与えられる。	拡張された自然数集合は可算集合。
無限人の客を乗せたバスが来ても部屋を与えられる。	整数集合は可算集合。
無限人の客を乗せたバスが無限台来ても部屋を与えられる。	格子点集合は可算集合。

数え切れないほどの大きな集合

　ここまで、整数と格子点について見てきました。整数の場合には右左に交互に数える方法で、格子点の場合はらせんを描きながら数える方法を通じて自然数と対応させることができました。こうなる

と、すべての集合が可算集合ではないかという思いが生まれますね。しかし、可算集合ではない集合も存在します。代表的な例がまさに自然数の**べき集合**です。

> ### べき集合
> 集合Sのべき集合は、集合Sのすべての部分集合として成り立つ集合である。
> 集合Sのべき集合は$P(S)$と表記する。

たとえば、集合$\{1, 2\}$の部分集合は、$\{\ \}$、$\{1\}$、$\{2\}$、$\{1, 2\}$で計4つです（空集合も集合の部分集合だということを忘れないようにしましょう）。したがって、$\{1, 2\}$のべき集合は、

$$P(\{1,2\}) = \{\{\ \}, \{1\}, \{2\}, \{1, 2\}\}$$

です。ほかの例を挙げるなら、集合$\{1, 2, 3\}$のべき集合は次の通りです。

$$P(\{1, 2, 3\}) = \{\{\ \}, \{1\}, \{2\}, \{3\}, \{1, 2\}, \{1, 3\}, \{2, 3\}, \{1, 2, 3\}\}$$

有限集合だけでなく無限集合のべき集合もあります。たとえば、自然数のべき集合は、自然数のすべての部分集合として成り立つ集合です。偶数の集合、奇数の集合、3だけの集合、3以外のすべての自然数として成り立つ集合などが、すべて自然数のべき集合です。

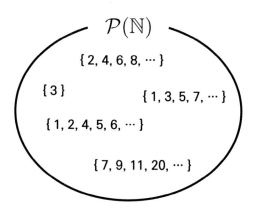

　自然数のべき集合は、どんな方法を使っても自然数と1対1に対
応させることはできません。カントールはこの事実を、**対角線論法**
という美しい論法を通じて証明しました。この論法の美しさは、ポ
ール・エルデシュ (Paul Erdös) という著名な数学者が「神が (最も美しい
証明だけを集めた) 数学本を持って歩き回るなら、その本に必ずある証
明だ」と絶賛するほどでした。

　対角線論法は次の通りです。まず、自然数のすべての部分集合と
自然数の間の1対1対応が可能だと仮定してみましょう。その対応
方法がどうかはわかりませんが、適当に次のようだとします。僕た
ちの目的は、この仮定の矛盾を見つけ出して、仮定が間違っている
こと、つまり自然数のすべての部分集合と自然数の間の1対1対応
が不可能であることを示すことです。

自然数	部分集合
1	{2, 4, 6, 8, …}

2	{1, 3, 5, 7, …}
3	{3}
4	{1, 2, 4, 5, 6, 7, …}
5	{2, 7}
⋮	⋮

　部分集合をより統一的に表現するために、すべての部分集合を○と×の文字列で表現します。もし自然数nが部分集合に含まれていたら、文字列のn番目の桁を○で、含まれていなければ×で表記してみます。表にある5つの部分集合を示したら下記のようになります。

自然数	部分集合	○×文字列
1	{2, 4, 6, 8, …}	×○×○×○×○…
2	{1, 3, 5, 7, …}	○×○×○×○×…
3	{3}	××○×××××…
4	{1, 2, 4, 5, 6, 7, …}	○○×○○○○○…
5	{2, 7}	×○××××○×…
⋮	⋮	⋮

　表で注意深く見なければならないのは、n番目の文字列のn番目の桁です。次の表では、青色で示されている部分です。対角線論法という名前は、ここからきました。

自然数	部分集合	○×文字列
1	{2, 4, 6, 8, …}	×○×○×○×○…
2	{1, 3, 5, 7, …}	○×○×○×○×…

3	{3}	××○×××××…
4	{1, 2, 4, 5, 6, 7, …}	○○×○○○○…
5	{2, 7}	×○×××○×…
⋮	⋮	⋮

　青色で示された場所を利用して、新しい○と×の文字列をつくるのです。この新しい文字列のn番目の桁は、自然数nと対応する文字列のn番目の記号の**反対**に定めます。たとえば、自然数1に対応する文字列の最初の記号が×なら、新しい文字列の最初の記号は○です。

自然数	部分集合	○×文字列	新しい文字列
1	{2, 4, 6, 8, …}	×○○×○×○…	○???????…
2	{1, 3, 5, 7, …}	○×○×○×…	○○??????…
3	{3}	××○×××××…	○○×?????…
4	{1, 2, 4, 5, 6, 7, …}	○○×○○○○…	○○××????…
5	{2, 7}	×○×××○×…	○○××○???…
⋮	⋮	⋮	⋮

　この表には、すべての文字列（部分集合）と自然数がもれなく対応しているので、新しくつくられた文字列もこの表のどこかに書かれていなければなりません。しかし、新しくつくられた文字列はn番目の文字列のn番目の場所でいつもずれてしまいます！　ですから、この文字列は上の表で記載されているどの文字列とも一致しません。これは僕たちの仮定と矛盾している結果です。したがって、自然数のべき集合と自然数を対応させる方法は存在しません。

対角線論法を通してカントールは、自然数のべき集合は数え切れないほど大きな集合だということを証明しました。自然数のべき集合のように、自然数よりも大きな基数の集合を**非可算集合**（uncountable set）といいます。

　自然数のべき集合と同じ基数をもつ集合の例として、**実数の集合**があります。自然数のべき集合と実数の集合が同じ基数であることを示す論証も対角線論法に劣らず、不思議です。証明の段階は、次の通りです。先に自然数のべき集合と$[0, 1]$[8]が同じ基数の集合であることがわかり、その後$[0, 1]$とすべての実数の集合が同じ基数の集合であることを示します。

　次のように$[0, 1]$に属する任意の点xを考えてみましょう。

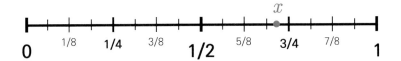

　対角線論法を取り上げて話したように、自然数のべき集合は○と×の無限の羅列と1対1対応を成します。僕たちの目的は、0以上1以下の任意の実数は○と×の無限の羅列として表現できることを示すことです。ならば、$[0, 1]$と自然数のべき集合もやはり1対1対応であることが証明できます。

8　[0, 1]は0以上、1以下の実数で成り立つ集合の表記法です。

xを○と×の無限の羅列で表現するアイデアの核心は、1/2、1/4、1/8など$1/2^n$の長さを持つ矢印を利用してxに近づけながらも、xを越えないようにすることです。具体的な過程は、次の通りです。最初の矢印の長さは1/2です。この例の場合、xは1/2よりも大きいので1/2の矢印は使用します。最初の矢印を使用したという意味で文字列の最初の桁を○で示します。

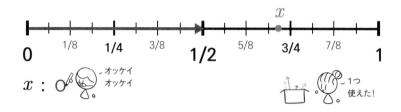

2番目の矢印の長さは1/4です。しかし、1/4矢印を使用すると2つの矢印の総合的な長さがxを越えてしまいます。

越えてはいけないので、1/4矢印は使用できません。2番目の矢印は使用できないという意味で2番目の桁を×にします。

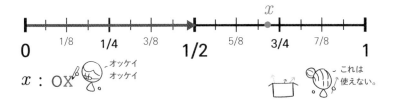

　3番目の矢印の長さは1/8です。1/8矢印を使用するならxを越えずにxにさらに近づくことができます。したがって1/8矢印は使用します。3番目の矢印は使用したという意味で文字列の3番目の桁を○と表します。

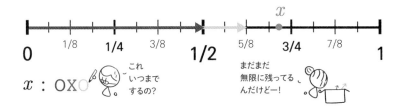

　4番目の矢印の長さは1/16です。1/16の矢印を使用するとxを越えずにxにもっと近づくことができます。したがって、1/16矢印は使用します。4番目の矢印は使用したという意味で文字列の4番目の桁を○と示します。

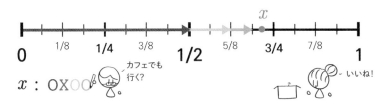

そろそろわかってきましたか？　上のような過程をずっと踏ん
でいくことで、矢印の和は少しずつxに近づきます。したがって、
上の過程を無限に繰り返すことで得られる○と×の無限の羅列は、
xと1対1対応を成すことになります！　いくつかの例を挙げてみ
ます。

x	対応する文字列
0	××××××××××××××× …
1	○○○○○○○○○○○○○○○ …
0.125(1/8)	××○×××××××××××× …
0.333...(1/3)	×○×○×○×○×○×○ …
$\pi-3$	××○××○×××○○○○ …
$\sqrt{2}-1$	×○○×○××○○○○×○× …

　これで僕たちは、0と1の間の実数と、○と×の無限の文字列を
対応させる方法を見つけました。その次の段階は、0と1の間の実
数とすべての実数の間の1対1対応を明らかにすることです。これ
は、とても簡単で奇抜なアイデアで簡単に確認できます。まず、0と
1の間の実数は左側のような線分で表現できます。この線分を丸く
して右側のような半円にします。

　その後、次のように半円の真ん中に点をつけた後、この点から半

円上の各点をつなぐと、0と1の間の実数とすべての実数を対応させることができます！　たとえば、半円上の0.5は数直線上の0と対応し、半円上の0.714…は数直線上の5.618…に対応します。半円上の点が1に近づくほど、その点に対応する数直線上の点は正の方向に急激に大きくなり、反対に半円上の点が0に近づくにつれて、その点に対応する数直線上の点は負の方向に急激に小さくなります。

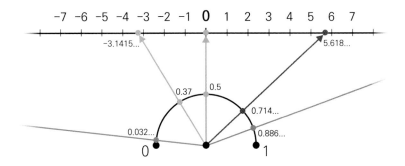

　これによって、実数の集合、0と1の間の実数の集合と、○と×の無限の文字列の集合、自然数集合のべき集合がすべて同じ基数の集合であることが証明されました[9]。

　これまでいろいろな無限の大きさを比較してみました。かなり長い道のりでしたね！　もう一度覚えていただくために、次ページにこれまでの論議を1つの図にまとめてみました。

9　厳密に言うと、半円を直線に対応させる過程で半円の両極点（0と1）を別に処理しなければなりませんが、この過程は省略します。

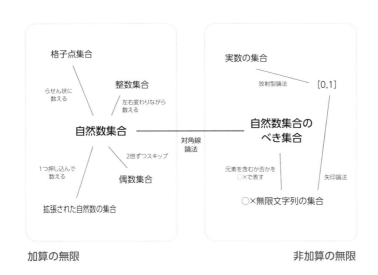

加算の無限　　　　　　　　　　　　　　　　　　　　非加算の無限

連続体仮説とアレフ数

　ここまで僕たちは、自然数集合と同じ基数の集合、自然数集合の
べき集合のような基数の集合、このような2つの部類の集合につい
て知りました。しかし、自然数集合よりも大きく、自然数のべき集
合よりは小さい基数の集合が存在することもありえますよね？　み
なさんがどう考えるかわかりませんが、少なくともカントールはそ
のような集合が存在しないと思ったようです。カントールは自分の
仮説を**連続体仮説**という名前で発表しました。

連続体仮説

自然数集合よりも大きく、自然数のべき集合よりも小さい基数の
集合は存在しないだろう。

1900年、ヒルベルト（この人は何度目の登場になるんでしょうか）は、世界数学者大会主催側から、20世紀に解くべき最も重要な問題を選定してほしいと頼まれました。ヒルベルトは悩んだ末、23の問題を選定したのですが、その中の1番目が連続体仮説でした。それだけ連続体仮説は、数学界で重要な問題として認識されていました。

この本を書いている2021年の段階で、今までたった1つの問題（ポアンカレの予想）だけが解けたミレニアム問題と違い、ヒルベルトの23の問題はかなり解けました。たった4つの問題を除いて残りの問題は完全に解決されたか、問題の解析によって解決されたと見なされ、解決の有無を問うにしては問題自体が曖昧でした。ヒルベルトの1番目の問題である連続体仮説も解けました。しかし、この問題の答えがこれまた…ちょっとおかしいんです。

1940年、ゲーデルは次のような事実を証明しました。

ゲーデルの結論（1940年）
連続体仮説は、現在の数学の公理系と無矛盾である。

言い換えると、ゲーデルは、連続体仮説が現在の数学の範囲内でなんの論理的な問題点もないということを示しました。ならば、連続体仮説は真ですよね。そうですよね？　ところが、1963年にポール・コーエンという数学者が違う事実を証明します。

コーエンの結論（1963年）
連続体仮説の否定は、現在の数学の公理系と無矛盾的だ。

コーエンは、連続体仮説の否定もまた論理的な問題点をもっていないことを証明しました。ゲーデルとコーエンの研究のおかげで、**連続体仮説は真でもよいし、偽でもよいという命題**であることが明らかになったのです！

　どうして可能だったか、ですか？　第1部のゲーデルの不完全性定理の話のとき、すべての公理系は無矛盾または不完全であると話しました。連続体仮説は、ゲーデルの不完全性定理の実例に過ぎなかったのです[10]。数学の完全性と無矛盾性を信じていたヒルベルトが最も重要視した問題が不完全性の実例だとは、実に皮肉です。

　無限集合の基数は**アレフ数**（Aleph Number）を利用して表現します。アレフはヘブライ語のアルファベットの最初の文字で、$\aleph$で表します。無限集合の基数の中で最も小さい基数が$\aleph_0$、まさにその次の基数が$\aleph_1$、その次は$\aleph_2$、このように続きます。

　現在の数学の公理系内で、自然数よりも低い基数の集合が存在しないということは証明できます。したがって、自然数集合の基数は$\aleph_0$です。しかし、連続体仮説の不完全性のため、自然数のべき集合の基数は曖昧です。連続体仮説を認めるならば自然数のべき集合は基数が$\aleph_1$ですが、連続体仮説を認めないならば$\aleph_2$かそれよりも高いかもしれません。この本では連続体仮説を真であると認め、自然数のべき集合は基数が$\aleph_1$の集合だということにします。

　自然数のべき集合よりも大きい基数の集合としては、「自然数の

10　連続体仮説は矛盾ではありません。ゲーデルの結論が示唆するのは、連続体仮説が真であるという事実ではなく、連続体仮説の否定を証明できないという事実です。コーエンの結論も同じで、そのため連続体仮説は矛盾ではなく不完全な命題なのです。

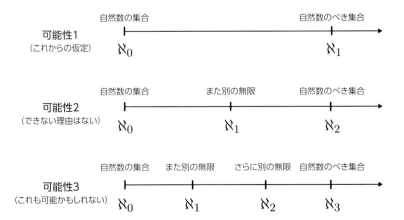

べき集合のべき集合」があります。自然数のべき集合のべき集合は、対角線論法を使うと自然数のべき集合よりももっと大きい基数の集合であることを示すことができます。では、自然数のべき集合のべき集合は$\aleph_2$の集合なのでしょうか？

一般化連続体仮説は、基数が$\aleph_n$である集合のべき集合の基数は、$\aleph_{n+1}$だと主張します。連続体仮説と同様に、一般化連続体仮説も真だとしても構いませんし、偽だとしても構いません。一般化連続体仮説も真だとすれば、自然数のべき集合のべき集合は基数$\aleph_2$の集合です。自然数のべき集合のべき集合のべき集合は、基数$\aleph_3$の集合です。

このように、アレフ数も自然数と同じように$\aleph_0, \aleph_1, \aleph_2, \aleph_3, \cdots$と、このように無限に続きます。それならば、僕たちがどんな自然数よりも大きいサイズの$\aleph_0$を想定したように、どのアレフ数よりも大きいサイズの$\aleph_{\aleph_0}$を想定することができます。しかし、この

本では詳しく説明していない基数と序数の概念的な違いであるため
に、$\aleph\aleph_0$という表記は数学では使わずに、かわりに$\aleph_a$という表
現を使います。$\aleph_a$は僕たちがどんなにべき集合を何度講じても到
達できない想像を超越した大きさの無限です。

豆で太陽を覆う方法

　これまで僕たちは、自然数の集合や整数の集合など代数的な対象
に集中してきました。整数の集合は、自然数の集合よりも 2 倍大き
いですが基数は同じです。幾何学的な対象にも同じような論理が成
立します。たとえば、2 つの球は 1 つの球よりも 2 倍多い点をもっ
ていますが、2 つの球や 1 つの球がすべて基数 $\aleph_1$ の点をもっていま
す[11]。

　それならば、もし 1 つの球をいくつかのかけらに適当に切り落
としてくっつければ、2 つにすることができるのではないでしょう
か？　すでにすべての部屋が埋まっているヒルベルトホテルで、無
限の部屋を割り当ててくれるようにです。この問題に悩んだステフ
ァン・バナッハ (Stefan Banach) とアルフレト・タルスキー (Alfred Tarski)
は、実際に可能であることを示しました。バナッハとタルスキーの
結論は、直観とあまりにもずれた結果であったため、正しい定理で
あるにもかかわらず「逆説 (パラドックス)」と名づけられました。

---

[11]　連続体仮説を認めるとき。

バナッハ-タルスキーのパラドックスによれば、1つの球から2つの球を作ることができます。それだけではなく、2つの球から4つの球を作り、4つの球から8つの球を作り、このように作り続けることができます。そのため、バナッハ-タルスキーのパラドックスは「豆と太陽のパラドックス」と呼ばれています。豆をある程度の大きさで切ってくっつけ直す過程を十分に繰り返すと、太陽を覆うこともできるという意味でつけられた名前です。

しかし、この本ではバナッハ-タルスキーのパラドックスは証明しません。左下のQRコードからバナッハ-タルスキーのパラドックスの総括的な証明を素晴らしく解説する動画を見られるので、参考にしてください（残念ながら字幕はありません）。この本では、バナッハ-タルスキーのパラドックスの証明と似たアイデアを詰め込んだ**ハイパーウェブスターのパラドックス**を紹介します。ハイパーウェブスターのパラドックスもバナッハ-タルスキーのパラドックスと同様に、ある対象を分割させてくっつけるだけで同じような大きさの対象をいくつか作り出す方法についてのパラドックスです（ハイパーウェブスターパラドックスは添付のQRコード動画の最初の部分で言及されています）。

（出典：Vsauce）

球を…

適当に割って…

かけらを少しずつ
回してまたくっつけたら…

ジャジャーン！　2つの球になったよ！

　ハイパーウェブスターは、すべての数学の話がそうであるように想像上の辞書です。この辞書には、可能なすべてのアルファベットの文字列が収録されています。この辞書はa、aa、aaa、aaaa、…のように無限に多くのaの羅列から始まります。このように無限のaの羅列の次はab、abaa、abaaa、…のようなabから始まる無限に多くの文字列の羅列が続きます。辞書の最後[12]にはzzzzz…が記されています（p179の図を参照）。この辞書には、分かち書きができていない

12　ハイパーウェブスターは、無限に多くの文字列が収録されている辞書で「最後の文字列」という表現には語弊があります。厳密に近づくためには、ハイパーウェブスターを無限の集合列の和集合として定義しなければいけませんが、この本ではあまり厳密ではない表現を使用します。

だけで可能なすべての考え、文章、ストーリーが入っています。

　ハイパーウェブスターは素晴らしい辞書ですが、この辞書の編集長には1つ悩みがありました。辞書が膨大すぎて製作費が伴わないことでした。悩んだ編集長は、妙なアイデアを思いつきます。それは分冊することでした。aで始まる文字列を集めて［ハイパーウェブスターAエディション］に、bで始まる文字列を集めて［ハイパーウェブスター Bエディション］に、このようにして［ハイパーウェブスターZエディション］まで出版しました。

　分冊することには利点があります。［ハイパーウェブスターAエディション］のすべての文字列はaで始まる事実を読者もわかるため、文字列の最初にあるaは書かなくても、読者が自分でaを入れることです。たとえば［ハイパーウェブスターAエディション］に収録されているppleは、読者はappleだと読むでしょう。そこで編集長は、印刷費をさらに抑えるために［ハイパーウェブスターAエディション］に収録されたすべての単語から最初のaを省略した［ハイパーウェブスターAエディション省略本］を出版しました。

　しかしです。［ハイパーウェブスターAエディション］には、**aで始まるすべての単語**が収録されています。したがって、最初にあるaを除いた［ハイパーウェブスターAエディション省略本］には、**すべての単語**が収録されているというわけです。

　つまり、［ハイパーウェブスターAエディション省略本］とハイパーウェブスターは同じ辞書なのです！　したがって、ハイパーウェブスターをAからZまで計26のエディションで分冊した後、各エディションの最初の文字を省略すれば、26の新しいハイパーウェ

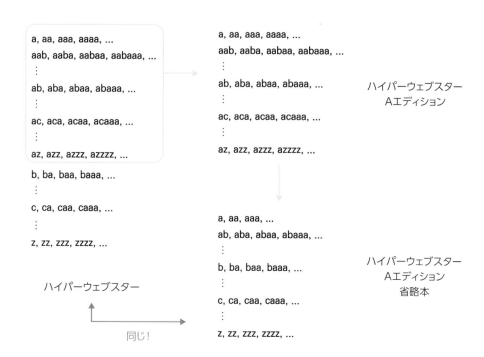

a, aa, aaa, aaaa, ...
aab, aaba, aabaa, aabaaa, ...
⋮
ab, aba, abaa, abaaa, ...
⋮
ac, aca, acaa, acaaa, ...
⋮
az, azz, azzz, azzzz, ...

b, ba, baa, baaa, ...
⋮
c, ca, caa, caaa, ...
⋮
z, zz, zzz, zzzz, ...

ハイパーウェブスター

同じ！

a, aa, aaa, aaaa, ...
aab, aaba, aabaa, aabaaa, ...
⋮
ab, aba, abaa, abaaa, ...
⋮
ac, aca, acaa, acaaa, ...
⋮
az, azz, azzz, azzzz, ...

ハイパーウェブスター
Aエディション

a, aa, aaa, ...
ab, aba, abaa, abaaa, ...
⋮
b, ba, baa, baaa, ...
⋮
c, ca, caa, caaa, ...
⋮
z, zz, zzz, zzzz, ...

ハイパーウェブスター
Aエディション
省略本

ブスターが作られることになります。

　バナッハ–タルスキーのパラドックスのアイデアも、ハイパーウェブスターパラドックスに似ています。無限に多くの単語が収録された辞書を分冊するだけで26の同一の辞書が作られるように、無限に多くの点から成る球を分割するだけで2つの新しい球を作ることができます。かわりに、ハイパーウェブスターは、どのアルファベットで始まるかによって辞書を分冊しましたが、バナッハ–タルスキーのパラドックスは、球を成す各点の方向性が上、下、右、左、真ん中のどの方向かによって球を分けます。

　バナッハ–タルスキーのパラドックスで無限をつなぐ話は終わり

ました。バナッハ-タルスキーのパラドックスを現実に実現することは不可能です。このパラドックスは、球が無限に多くの点で成り立つという事実に基づいていますが、現実にはすべての物体は有限個の原子で構成されているからです。

　なので、何人かの人は、バナッハ-タルスキーのパラドックスのような定理を見つけることが、なんの役に立つのかと聞いてくるかもしれません。しかし、これまで何度も強調したように、数学は現実に利用するための学問ではありません。数学は人間が思惟できる範囲を広げるために存在する学問です。現実の世界で僕たちは、最小サイズの無限である $\aleph_0$ に近づくことさえできません。太陽の大きさ、銀河の大きさ、宇宙の大きさ、これらは人間の視覚では想像を絶するほどの大きさに思えますが、無限の視覚には太平洋に落ちる雨粒程度にすぎません。しかし、太陽と銀河の大きさ、宇宙の大きさに比べて、ちっぽけな人間は論理と数学を利用して無限を、そして無限を超える無限を思惟することができます。

　皮肉なことに、この世界で最も無限に近いものは、直径が930億光年を超える宇宙ではなく、直径たった15cm余りの人間の脳の中

での思惟の論理です。抽象的な思惟を通じて想像の限界を克服すること、これこそが数学の幻想的な魅力ではないでしょうか？

数学界のホットポテト、選択公理

　バナッハ-タルスキーのパラドックスやハイパーウェブスターパラドックスが可能なのは、**選択公理**のおかげです。選択公理は、現代数学で採用される集合論の公理系であるZFC公理系の中で最も議論が多かった公理です。選択公理を集合論の公理系に追加するかどうかは、20世紀数学の大きい議論となったものでした。

選択公理（選出公理）

有限個または無限個の集合からそれぞれ元素を1つずつ選択して新しい集合をつくることができる。

　例を挙げてみましょう。以下のような3つの集合があったとします。

$$S_1 = \{a, b, c\}$$
$$S_2 = \{d, e, f, g\}$$
$$S_3 = \{h, i\}$$

　選択公理によると、上の3つの集合からそれぞれ1つずつ元素を選んで新しい集合をつくることができます。たとえば、S_1からb、S_2からd、S_3からhを選んで、以下の集合Sを構成することができます。

$$S = \{b, d, h\}$$

選択公理は、有限個の集合だけではなく無限個の集合にも前記のような過程を許します。たとえば、素数pに対してS_pはpの累乗から成り立つ集合だとします。pが2のときならば、$S_p = \{2, 2^2, 2^3, 2^4, \cdots\}$です。要素は無限に多いので、$S_p$集合も$S_2$、$S_3$、$S_5$、$S_7$、$S_{11}$、$\cdots$など無限に多くあります。選択公理によれば無限に多くのS_pの集合からそれぞれ1つの元素を適当に選択し、以下のように各要素の特定の累乗から成る集合を構成することができます。

$$S = \{2^4, 3^7, 5^9, 7^{12}, \cdots\}$$

うーん…。今、みなさんが何を考えているのかわかる気がします。「これ、完全に当たり前じゃない？」って思っていますよね？最初は数学者たちもこの公理を本当に当たり前に思っていました。あまりにも当たり前すぎて、19世紀まで数学者たちは選択公理を公理として認めなかったほどでした。

しかし、集合論に関連する研究がさらに発展し、選択公理は羊の皮を被ったオオカミだという事実が明らかになりました。当然のように見えていた選択公理を認めた瞬間、とても変な結果が出てきます。そのうちの1つが、まさにバナッハ−タルスキーのパラドックスとハイパーウェブスターパラドックスです。この2つのパラドックスは、選択公理があることで成立します。ハイパーウェブスターパラドックスの場合、ハイパーウェブスターを分冊することが可能なことを保証するために、選択公理が必要なのです。バナッハ−タルスキーのパラドックスも同様の過程で選択公理が必要となります。

選択公理の奇妙さと関連して取り沙汰されている別の例は、**非可測集合の存在性**（existence of non-measurable set）です。一般に実数で構成された集合は、その集合を数直線上に表現することで、集合の長さを測定することができます。たとえば、1から5までの間のすべての実数で構成される集合を考えてみましょう。この集合は以下のように表記することができます。

$$S = (1, 5)$$

　集合Sを数直線上に表示したら以下のようになります。

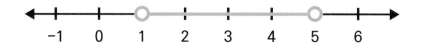

　上の線分は、数直線上で4の長さを占めています。したがって、集合Sは長さ4の集合です[13]。

　しかし、すべての集合が正の長さをもつわけではありません。たとえば、3万元素をもっている集合を数直線上に表示したら、たった1つの点に過ぎません。これと同じ集合の長さは0です。

13　厳密にはルベーグ測度も4の集合だと表現しなければいけません。ルベーグ測度とは、長さ、面積、体積等を一般化した関数のこと。

(出典：PBS)

　しかし、選択公理を導入すると、長さが0だとしても矛盾が発生し、長さが0でないとしても矛盾が起きる集合を構成することができます。このような集合を非可測集合といいます。非可測集合を構成する過程は、多少複雑なのでこの本では省略しますが、興味のある方はQRコードの素晴らしい動画を参考にしてください（この動画も字幕はありません。英語を一生懸命勉強しなければいけない理由がありましたね、ここに…）。

　バナッハ-タルスキーのパラドックスや非可測集合の存在性など、選択公理が導き出す数多くの非直観的な結果のせいで、多くの数学者は選択公理を公理として認めることに抵抗感がありました。しかし、選択公理は、同時に整列定理やツォルンの補題と同じように強力な定理を証明することができるとても役に立つ公理でした。選択公理を公理として認めるか否かについて長い論争がありましたが、現代では選択公理を集合論の公理として認めるのが衆論となっています。

第 3 部

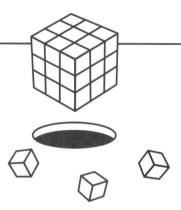

宝物が隠れている
数学の森

① 問題の中に隠された鳩を探して

宝物が潜む数学の森

僕たちは、数学という洗練された技術を身につけてきてますよね。第1部では数学がどんなガイドラインを使うのか、第2部では数学の新しい概念がどのようにつくられたのかを知りました。第3部では数学的思考力を使って問題を一緒に解いてみましょう。

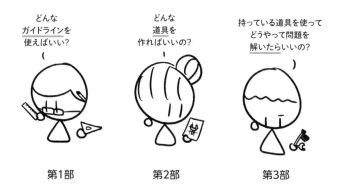

どんなガイドラインを使えばいい?　第1部

どんな道具を作ればいいの?　第2部

持っている道具を使ってどうやって問題を解いたらいいの?　第3部

僕は、数学の問題を解く過程は、地図を持って森の中に隠れている宝物を探しにいく冒険と似ている気がします。森の中に隠れている宝物を探していると、多くの分かれ道に遭遇します。手がかりは宝物の地図にあり、その道を探し出していくのが僕たちの役割です。途方もない道に直面しては失望感でいっぱいになるかもしれませんが、時に宝物の地図に書いてある手がかりと正確に一致する風景に出会うと、喜びを感じるかもしれません。

　数学の問題を解く過程も同じです。問題に与えられた手がかりを組み立てていくのが僕たちの役目です。いろいろなアイデアを試してみますが、ほとんどの場合、特に得るものもなしに問題の周りをぐるぐるするだけです。しかし、頭をしぼり、考え出したアイデアが手がかりとぴったり交わった瞬間、まるで森の中に隠された宝物を見つけたような気持ちになるはずです。

　第3部を構成しながら、最大限に複雑な数式を使わずに楽しい反転もあり、また、みなさんの数学的思考力を伸ばせる問題を選ぼうと頑張りました。ですから、数式や計算に慣れていなくても、僕が

お見せする問題に気楽に挑戦してみてください。その過程でみなさんも森の中の宝物、問題の中の答えを探し出すおもしろさを感じてもらえれば嬉しいです。

　さて、僕たちが探検する最初の森は**鳩の森**です。ここにはどんな宝物が隠されているのでしょうか？

2つの問題、1つの原理

　僕たちが探す最初の宝物は、次の問題の答えです。

隠れている宝物

1辺の長さが2である正方形の中に5つの点をとったとき、長さが1.42よりも小さい2点の対は常に存在するだろうか？

　下図の場合、2点AとBの長さは1.42よりも小さいです。上の問題では、どんな方法で5個の点をとっても、常に長さが1.42より小さい2つの点を探せるのかを聞いています。

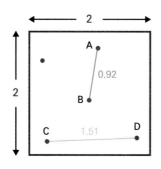

うーん…、かなり難しい問題ですね。5つの点をとる場合の数は、無限に多いために1つ1つすべて確認することはできません。どうやって探せばいいのかまったくわかりません。宝物があまりにもきっちり隠されているようなので、手がかりをお教えします。

宝物の手がかり

ソウル市に髪の本数が同じ2人の人間が存在するだろうか？
ソウル市の人口は約1,000万人で、人の髪の本数は約10万本である。

あまりにも唐突すぎる手がかりですか？　僕たちが探すべき宝物は、幾何学的問題の答えです。一方、手がかりとして提供された問題は幾何学と関連があるどころか、まるでなぞなぞのようですね。しかし、この手がかりを解決したら、宝物への近道を手に入れることができます。どうやってこの手がかりを解けばいいのか考えてみてください。

僕たちが探検しているこの森の名前は**鳩の森**です。僕がこんな名前をつけたのは、この森を攻略する核心戦略が**鳩の巣原理**だからです。

鳩の巣原理

n個の鳩の巣にn羽よりも多い鳩が入ろうとしたら、少なくとも1つの鳩の巣には2羽以上が入らなければならない

鳩の巣原理は、実生活でもしばしば登場するおなじみの概念です。たとえば、人間が3人いてバッグが4つあるならば、少なくとも1人は2つ以上のバッグを持たなければいけません。もちろん、2人が2つずつ分けて持ったり、1人が4つのバッグをすべて持つこともできます。しかし、どんな場合でも**少なくとも**1人は2つ以上を持つ手間をかけなければなりません。

　髪の毛の問題は、鳩の巣原理で近づくことができます。ソウル市民を鳩とし、ソウル市民の髪の毛の本数を鳩の巣としておきます。髪の毛が1本の人は1番の巣に、2本の人は2番の巣に…、このようにしてすべての鳩（ソウル市民）が自分の巣（髪の毛の本数）を探し出すとします。ソウル市で髪の毛が最も多い人が余裕をもって100万本の髪の毛をもっているとしたら、鳩の巣は、総100万個あります。しかし、ソウル市民は1,000万人にもなりますよね。鳩の巣の原理により、少なくとも1つの巣には2人以上のソウル市民が入ります。したがって、ソウル市には髪の毛の本数が同じ2人が常に存在します！■[1]

1　■は証明が完了したことを意味する記号です。

こうやってみると、髪の毛の問題はとても簡単ですね。でも、この問題を見てすぐに解ける人はあまりいません。問題の答えは誰でも理解できますが、その答えに向かう本質を見つけることは、はるかに難しいものです。そうなんです。数学を勉強する理由はこれです。数学の目的は、数字遊びに慣れるためではなく、問題の本質を貫く能力を育て、この能力を人生に溶かし込んでいくことにあるのです。

誕生日が同じ人が存在する確率

鳩の巣原理に関するもう1つ有名な問題があります。

鳩の森の中の誕生日問題

アメリカの議会の議員のうち、誕生日が同じ人は少なくとも1組
存在するのか？

議員は全部で535人（上院と下院の総計）だ。

同じように、鳩の巣原理でアプローチすると簡単に解ける問題で
す。365日の日付をそれぞれ鳩の巣だとしましょう。各議員たちは
自分の誕生日に合う鳩の巣を探します。しかし、議員の人数が鳩の
巣よりも多いので、少なくとも1つの鳩の巣（日付）に2人の議員が
入らなくてはいけません。なので、アメリカの議員の中では誕生日
が同じ人が常に2人存在します。

　問題を韓国の議員で設定しなかった理由は、韓国の議員数が300
人だからです。鳩の巣原理を適用するには、人が少し足りません。
しかし、少し違う視覚からアプローチしてみましょうか？　しばら
く鳩の巣の森を離れて、**確率の森**へ旅行に行ってみます。

確率の森の中の誕生日問題

韓国の国会議員の中で誕生日が同じ人は少なくとも1組存在する
確率はどれくらいか？

国会議員は全部で300人だ。

100％ではありません。100％になるためには少なくとも366名は必要なんです。それでもかなり高いと思います。どう思いますか？70％？　それとも80％くらい？

この問題の答えを見つけるために、まず5人の中で誕生日が同じ人がいる確率を求めてみます。この確率は、100％から5人全員が誕生日が異なる確率を引いた値です。

確率の定義は以下の通りです。

$$確率 = \frac{特定の事件が起こる場合の数}{起こりうるすべての場合の数}$$

この式を利用して、5人すべての誕生日が異なる確率を求めてみます。分母は5人の誕生日の日付で可能なすべての組み合わせの数なので、365を5回かけた365^5です。分子はどうなりますか？　まず最初の人の誕生日は365の日付のうち1日を任意で選択します。では、2番目の人の誕生日は1番目の人の誕生日を除いた364の日付の中で選択しなければなりません。3番目の人は、1番目の人と2番目の人の誕生日を除いた363の日付の中から、4番目の人は362の日付の中から、5番目の人は361の日付の中から選択しなければいけません。したがって、5人すべての誕生日が異なる確率は以下の通りです。

$$\frac{365 \times 364 \times 363 \times 362 \times 361}{365^5}$$

これで5人の中で誕生日が重なる人がいる確率も計算できそうで
す。

$$1 - \frac{365 \times 364 \times 363 \times 362 \times 361}{365^5} = 2.7\%$$

　かなり低い確率ですね。たしかに5人の中に誕生日が重なる2人
がいるのは、驚くべき話です。この論理を拡張すると、n人が集ま
ったとき誕生日が重なる人が少なくとも1組存在する確率は以下の
通りです。

$$1 - \frac{365 \times 364 \times \cdots \times (365-n+1)}{365^n}$$

　この公式により、誕生日が重なる人が存在する確率がそうでない
確率よりも大きいためには、少なくとも何人が集まらなければな
らないかを求めることができます。驚くべき結果が待っています。
多くの人が100人から200人程度と、かなり多く必要だと思いそう
ですが、実際は、**たった23人**だけ集まればいいのです。上の公式
nに23を代入すると、確率が50.7％と出ます。だいたい1つのクラ
スには25人くらいの学生がいるので、同じ誕生日の友だちがいる
場合のほうがいない場合よりも多かったでしょう。
　しかし、多分みなさんは同じクラスに誕生日が同じ友だちがいた
ことって、ほとんどなかったのではないでしょうか。僕も経験あり

ません。この数学的結果と記憶の乖離感は、心理的な理由として説明することができます。もし**僕の誕生日**と**他人の誕生日**が同じならば、その事実は長い間記憶に残るでしょう。しかし、**他人の誕生日とまた違う他人の誕生日**が同じという事実は、記憶からすぐ消し去られます。しかも、かなり近い関係ではない限り、他人の誕生日を覚えていないので、2人の他人の誕生日が同じであるという事実に気づきにくいのです。誕生日が同じ人にたくさん会ってはいるけれど、その事実を認識できなかったというわけです。

　ならば、300人の国会議員のうち、誕生日が同じ人がいる確率はどれくらいでしょうか？　この確率は、想像を絶するほど大きいです。99.99999...94％です（小数点の後に9を79個も書かなければいけないので途中は省略しました）。300人は、鳩の巣原理を利用して、誕生日が同じ2人の存在性を立証するためには足りない人員ですが、確率の原理を利用すれば、ロト1等に相次いで10回当選するほどの確率でない以上、誕生日が同じ人がいると確信してもよいのです。

正方形と鳩の巣

では、もう一度宝物探しにいってみましょう。

隠れている宝物

1辺の長さが2である正方形の中に5つの点をとったとき、長さが1.42よりも小さい2点の対は常に存在するだろうか？

手がかりとして与えられた問題が鳩の巣原理に関してだったので、この問題の核心も似ている気がしますね。どうやって解けばよいでしょうか？　ヒントを1つお教えするならば、**ピタゴラスの定理**を使わなければなりません。

この問題は、鳩の巣原理を適用するのには、少し難しいです。何を鳩として、何を鳩の巣と定めなければいけないかよくわからないからです。しかし、紙の上に正方形を描いて5つの点を繰り返しとってみると、少しずつ鳩と鳩の巣が目に入ってくるかもしれません。

問題の反例を見つけるには、5つの点を互いに最大限遠くに離れさせなければいけません。もし5つではなくて4つの点を互いに最大限遠くに離して点をとるならば、どうすればいいでしょうか？これは簡単ですよね。4つの点を正方形の頂点にできるだけ近づければいいのです。しかし、5つの点をとろうとすると問題が生じます。角が4つしかないので5番目の点の立地が苦しくなります。そろそろ問題の中に隠れている鳩の巣原理が見えてきましたか？

正方形を4等分し、それぞれの区域がこの問題の鳩の巣だとします。そして、5つの点は鳩です。鳩が鳩の巣よりも多いので、鳩の巣原理によって、少なくとも1つの区域には、2つ以上の点が存在します。下図を見ると、右側の下に2つの点があります。この小さな発見がこの問題を解く鍵なのです。

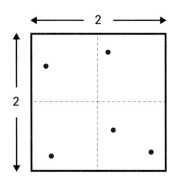

　1つの区域の中にある2つの点が最大限に離れることができるのは、以下のようになります。

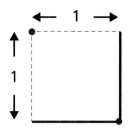

　このとき、2点の間の距離はどれくらいになるでしょうか？　次のような2点間の距離を一辺とする正方形（青色）を描いてみます。

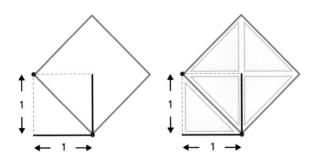

　右図を見たらわかるように、小さい正方形は黄色の三角形2つで成り立っていて、青色の大きい正方形はまったく同じ三角形4つで成り立っています。したがって、青色の正方形の広さは小さい正方形の広さのぴったり2倍です。つまり、青色の正方形の広さは2です。

　正方形の面積は1辺の平方です。したがって、青色の正方形の1辺の長さ、つまり1つの区域内で2つの点が互いに最大限離れられる距離をxとすると、

　$x^2 = 2$なので、$x = \sqrt{2}$です。

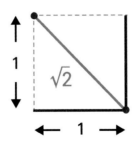

　ついに少しずつ宝物が見えてきましたね。1.42の平方は2.0164で

2よりも大きいです。なので$\sqrt{2}$は1.42よりも小さいですね。1つの区域内で2つの点が最大限離れられる距離は、1.42よりも小さいです。しかし、正方形に5つの点をとると、常に2つの点が1つの区域を共有します。だから常に1.42よりも小さい2つの点が存在します！■

宝物の答え

1辺が2の正方形を4等分したら、鳩の巣原理によって少なくとも1つの区域には2つ以上の点が存在する。

この2つの点の距離は$\sqrt{2}$よりも大きくはないが、$\sqrt{2}$が1.42よりも小さいため、問題で要求される2点は常に存在する。

元の問題とは何の関連もないように見える鳩の巣原理が、問題を解く最も重要な鍵になるとは思いもしませんでした。いろいろなアイデアを試して、たった1つのアイデアがピッタリ合うときの快感、これが多分、数学が実生活であまり役に立たないにもかかわらず、多くの人が研究する理由なのでしょう。

ピタゴラスの定理

　前の問題を解くために、僕たちは1辺の長さが1の正方形の対角線の長さは、$\sqrt{2}$ という事実を知りました。しかし、この事実はもっと簡単に求めることができます。どんなに数学に門外漢でも聞いたことがある、あの有名なピタゴラスの定理を使えばいいのです。

　ピタゴラスの定理は、2点間の距離を求める方法に関する定理です。下図のように縦方向にa、横方向にb離れている2点があるとします。2点の間の距離をcだとすると下記の関係が成立します。

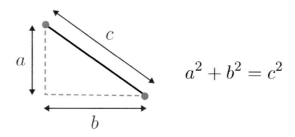

　ピタゴラスの定理の証明は、考えているよりもやってみるだけの価値があります。では、これから次の手がかりを見て考えてみてください。手がかりは「広さ」です。

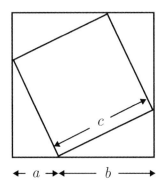

　ピタゴラスの定理は、3次元にも拡張することができます。横方向にa、縦方向にb、垂直にcだけ離れた2点の距離をdだとしたら、以下の関係が成立します。

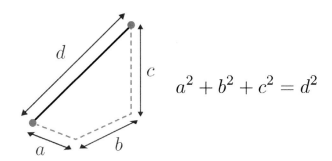

$$a^2 + b^2 + c^2 = d^2$$

　3次元でのピタゴラスの定理は、2次元でのピタゴラスの定理からすぐに証明することができます。この証明もみなさんが挑戦できる問題として残すようにします。3次元のピタゴラスの定理は、後でとても大切になるので、公式を正確に覚えなくても、このような定理があるということだけは覚えていてください。

2番目の宝物

このまま鳩の森を去ってしまうともったいない気もするので、もう少し宝物を探していきましょうか？

> **2番目の宝物**
> 与えられた5つの格子点の中で、2点の重点（じゅうてん）が再び格子点になる2点を選ぶことができるか？

問題の言い回しが少し難しいので、少し詳しく説明します。**格子点**は、各座標がすべて整数である点を指します。**重点**とは、2点を結ぶ線分の中央にある点をいいます。下図で点Mは点AとBの重点です。

次ページの図のように、5つの格子点が無作為に与えられているとします。ここで適切な2つの格子点を選択し、2つの格子点の重点も格子点になるようにできるでしょうか？　この場合は可能です。5つの点の中でA、Bで示した2点の重点は格子点です。

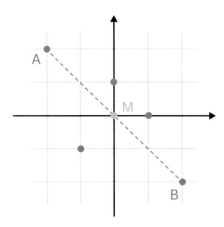

　このように重点も格子点になる2つの格子点を常に見つけること

ができるでしょうか？　ヒントをあげるならば、2点 (a, b) と (c, d)

の重点は $(\frac{a+c}{2}, \frac{b+d}{2})$ です。たとえば、$(1, 2)$ と $(3, 0)$ の重点は、

$(2, 1)$ です。

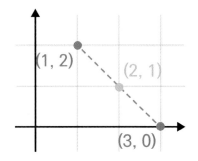

　ちなみに、この問題の答えは付録（→395ページ）にあります。みな

さんが直接問題を解決する嬉しさを感じてもらえるよう願って、こ

のページでは答えを削除しました。これで僕たちは鳩の森を去りま

す。新しい森が僕たちを待っているはずですから。

② マグカップの中、シナモンパウダーのワルツ

√(x)

子どもの頃の小さな探求

今はプログラミングと数学を勉強していますが、小学生のとき、僕は科学者に憧れていました。当時、万物の理を説明する科学の能力に魅了され、実験室で研究をしている科学者の姿は、まるで人類の知性を開拓している探検家のように見えました。しかし、時間が経つにつれ、現実世界で答えを探すよりも理性的な世界で真理を求めることに興味をもつようになり、僕の情熱は数学やプログラミングのような抽象的な学問に移っていきました。

しかし、科学者の夢を見ていた頃、僕はその夢にかなり真剣でした。家で倉庫に使っていた部屋を片づけて、実験室として使うほどでした。インターネットで試薬や実験道具を購入し、本で見た実験を直接試していました（そうしながら、ペトリ皿も割ってしまいましたし、カーペットも焼いてしまいました。このときの僕は、実験室の安全性の重要さを実感したのです）。

これをどうやって
混ぜたら全部の点が
動くのかな…?

　僕が行った実験の1つは、液体をかき混ぜるいろいろな方法を観察することでした。多くの人は、コーヒーに砂糖やシロップを入れた後、円形にぐるぐる混ぜますよね。けれども、この方法には欠点があります。マグカップの端にある液体は速く回転しますが、マグカップの真ん中にある液体はほとんど動かないので、混ざらないということです。ミスカル[2]のような場合、円形に液体を混ぜると外側だけがきちんと混ざり、真ん中は粉が固まってしまうことがあります。

　僕は、どのように混ぜたら液体のすべてを混ぜることができるのか気になりました。そこで、液体の動きを観察するためにマグカップの中の液体の上にシナモンパウダーをふりかけ、いろいろな方法で混ぜてみました。液体を覆うシナモンパウダーのダイナミックな動きを観察し、興味深い事実を発見しました。僕が試したすべての方法には、かき混ぜる前とかき混ぜた後の位置が同じシナモンパウダーがいつも存在していたのです（次ページの図の青色の点）。このようにかき混ぜる前と後の位置が同じ点を**不動点**と呼びます。

不動点

変換が起きる前と起きた後の位置が同じ点。

2　米粉、麦粉、豆粉などを蒸したり炒めたりしたものを粉にして混ぜ合わせた韓国の伝統食品。これを水やお湯、牛乳、豆乳などで溶いて飲む。

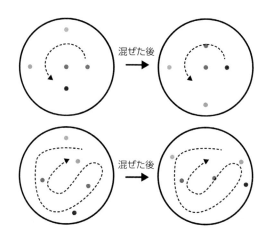

　では、コーヒーを混ぜる方法には、常に不動点が存在するのでし
ょうか？　完璧に混ぜることは不可能なのでしょうか？　もう少し
詳しく探求したらいいのでしょうが、残念ながら僕はすぐほかのテ
ーマに興味をもってしまい、この質問は頭の中から忘れ去られてし
まいました。そうして数学を勉強し、この疑問に再び出会いまし
た。これについてみなさんと話してみようと思います。今回僕たち
が探検するコーヒーの森で探す宝物は以下の通りです。

> **コーヒーの森の中に隠れている宝物**
> コーヒーをかき混ぜる過程は常に不動点をもつのか？

いきなり雰囲気色塗り

　この宝物は、鳩の森の中の宝物よりもずっと探すのが難しいで

す。なので、みなさんに多くの手がかりを教えたいと思います。コーヒーを混ぜる問題を解く前に、ちょっと突然ですが、後で重要になる話をします。

　下図のように3つの頂点B、Y、Rからなる三角形があります。この三角形を右の図と同じようにもっと小さい三角形で分割することを**三角分割**といいます。

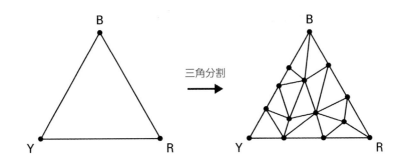

　すべての点が黒だと地味なので、各点を3色のうちの1つに塗ります。ただし、以下の3つの条件を守りながら色を塗ります。

1.　頂点Bは青色、頂点Yは黄色、頂点Rは赤色に塗る。
2.　大きな三角形の3辺上にある点は両端の色の中の1つで塗る。
3.　それ以外の点は何色でもいいので塗る。

　上の3つの条件を満たしながら、三角分割を色塗りすることを**スペルナーの色塗り**といいます。スペルナーの色塗りの最初の条件に

従って、先に3つの頂点を黄色、青、赤で塗ります。そして2つ目の条件により、黄色-青色の辺上の点を黄色または青色で塗り、残りの2辺も同じように色を塗ります。最後に三角形内部の点は好きなように色を塗れば、スペルナーの色塗りは終わります。

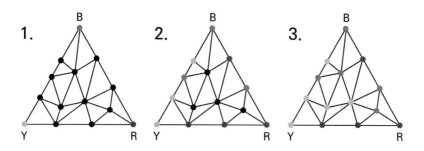

　スペルナーの色塗りは、いくつかの特徴があります。1つの特徴は以下の通りです。この性質は宝物に向かう最初の手がかりです。

最初の手がかり-スペルナーの奇数性
三角形の各辺に両端が異なる色の線分の数は常に奇数である。

　たとえば、右図の例では辺 BY は3つの黄色-青色の線分を、辺 YR は1つの赤色-黄色の線分を、辺 RB は3つの赤色-青色の線分をもっています。すべて奇数です。

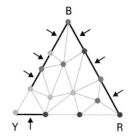

　スペルナーの奇数性は、**数学的帰納法**

を使用して証明することができます。数学的帰納法は、ドミノ倒しと似ている証明法です。もし下の2つの事実が真であるならば、

1. 最初のドミノが倒れる。
2. n番目のドミノが倒れると、$n+1$番目のドミノも倒れる。

結果的に、**すべてのドミノが倒れる**ということがわかります。同じように、ある命題$P(n)$に対する以下の2つの事実が真ならば、

1. $P(0)$が真だ。
2. $P(n)$が真ならば$P(n+1)$も真だ。

命題$P(n)$がすべて自然数に対して成立することがわかります。このような証明方式が数学的帰納法です。数学的帰納法を使って、辺BY上には黄色–青色線分がいつも奇数個であることを証明してみます。辺BY上にスペルナーの奇数性が成立することを示せば、残りの2辺にも同じ論理を適用させることができます。

　最初のドミノは辺BY上に点が1つもない場合です。このとき黄色–青色線分は辺BYそのもの1つしかない奇数個です。

これで最初のドミノが倒れました。次に見なければならないのは、辺BY上に点がn個あるとき、黄色−青色線分の数が奇数ならば、辺BY上に点が$n+1$個あるときも黄色−青色線分の数が奇数であることを証明することです。

数学的帰納法を利用してスペルナーの色塗りの奇数性を証明する

辺BY上に点がn個ある場合、黄色−青色線分の個数が奇数ならば、辺BY上に点が$n+1$個ある場合も黄色−青色線分の個数が奇数であることを証明しなさい。

ヒント: $n+1$番目の点が青色−青色線分上にあるとき、黄色−黄色線分上にあるときと黄色−青色線分上にあるときに分けて考えてみよう。

新しくとる$n+1$番目の点が青色の点と仮定します。黄色の点をとるとしても同じ論理を適用することができるので、この仮定に問題はありません。新しい青色の点をとるとき、可能性は3つあります。それぞれの場合、黄色−青色線分の個数がどのように変わるかを見てみましょう。

1. 青色−青色線分上に青の点をとる。
2. 黄色−黄色線分上に青の点をとる。
3. 黄色−青色（または青色−黄色）線分上に青の点をとる。

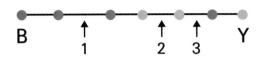

　1の場合、青色の点を新しくとると、黄色-青色線分が追加され
たり消えたりしません。なので黄色-青色線分の数はまだ奇数です。

　2の場合、黄色-青色線分が2つ追加されます。ところが、奇数
に2をたしても奇数なので、黄色-青色線分の数は相変わらず奇数
です。

　最後の3の場合、青色の点をとると既存の黄色-青色線分が破壊
され、これと同時に新しい黄色-青色線分が1つできます。したが
って、黄色-青色の線分の数はいまだに奇数です。

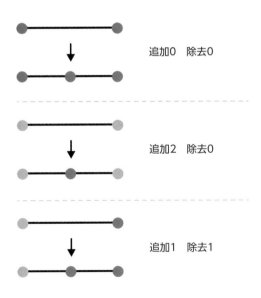

追加0　除去0

追加2　除去0

追加1　除去1

３つのいずれの場合も、新しい点を追加しても黄色-青色線分の数は奇数個を維持します。したがって、数学的帰納法により、スペルナーの色塗りの奇数性が証明されました。■

スペルナーの旅行

　今、僕たちはコーヒーをかき混ぜるとき不動点が存在するかについての疑問を解決するために、スペルナーの色塗りを探求しました。スペルナーの色塗りは奇数性という特徴をもっています。これまでの話はコーヒーとまったく関係がないように見えますが、このすべての議論は、後でこの問題を解決する、とても重要な手がかりになります。

　スペルナーの色塗りの話をもう少ししてみましょう。スペルナーの色塗りでそれぞれの三角形が部屋で、黄色-青色線分がドアとしましょう。ある黄色-青色線分を通して三角形の中に入っていくつかの部屋を訪ねた後、ほかの黄色-青色線分を通して外に出てくる過程をスペルナーの旅行と呼ぶことにします。ただし、黄色-青色線分を除いたほかの線分は通過できず、すでに訪ねた部屋は再び行くことができません。次ページの左図は、成功したスペルナーの旅行の姿です。しかし、すべての旅行が成功するわけではありません。右図のように途中で行く場所がなくなってしまうこともあります。このような旅行は、**失敗旅行**と呼ぶことにしましょう。

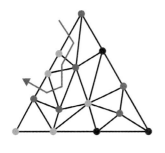

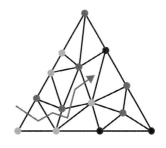

成功したスペルナーの旅行 失敗旅行

スペルナーの旅行に関しておもしろい定理があります。この定理は、宝物へ向かう2番目の手がかりです。

2番目の手がかり-失敗旅行の存在性
すべてのスペルナーの色塗りには失敗旅行が存在する。

失敗旅行の存在性は、スペルナーの奇数性を利用して証明することができます。辺 BY 上のドアの数が奇数という事実と失敗旅行の存在性がどのように関連しているのでしょうか?

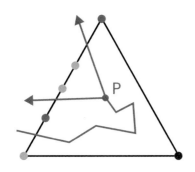

先に確かめておきたいのは、スペルナ
ーの旅行では前ページの図のような分か
れ道が不可能であるという点です。スペ
ルナーの旅行で分かれ道が存在するため
には、右図のように1つの入口と2つの
出口をもつ部屋がなければなりません。
つまり、3つのドアが存在する部屋が必

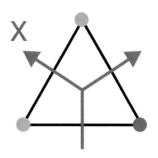

要ですが、三角形の3辺すべてが黄色-青色線分ではないので、ス
ペルナーの旅行で分かれ道はできません。分かれ道ができないの
で、1つの入口を通って2つの異なる出口から出る旅行もやはり不
可能です。つまり、**スペルナーの旅行の入口と出口は1対1対応**に
なります。したがって、すべてのスペルナーの旅行が成功するため
には、すべての黄色-青色線分が自分の出口になる別の黄色-青色
線分をもっていなければなりません。すべての線分が自分の対をも
つためには、黄色-青色線分の数が偶数でなければなりません。し
かし、スペルナーの色塗りの奇数性により黄色-青色線分の数は奇
数です。したがって、スペルナーの色塗りには失敗旅行が必ず存在
します。■

　失敗旅行の存在によって、以下の別の定理を証明することができ
ます。これが宝物へ向かう3つ目の手がかりです。

3番目の手がかり-スペルナーの補助定理
スペルナーの色塗り通りに塗られた三角分割には、3つの頂点がす
べて違う色の三角形が存在する。

これまで使用した三角分割を例
に挙げると、3つの頂点の色がす
べて違う三角形を3つ見つけるこ
とができます。では、スペルナー
の補助定理をどのように証明でき
るのでしょうか？

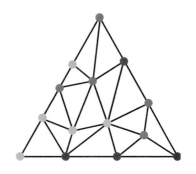

スペルナーの旅行が失敗したということは、旅行の途中で脱出で
きない部屋に出会ったという意味です。しかし、スペルナーの旅行
で脱出できない部屋は、3つの頂点がすべて違う色である三角形が
唯一です。黄色-青色線分を通して入ってきた三角形から外に出て
いく道、つまり黄色-青色線分がない唯一の場合は、残りの頂点が
赤色の場合しかないのです。

しかし、失敗旅行は常に存在するので、3点がすべて違う色の三
角形も常に存在するということがわかります。■

証明のクライマックス

　スペルナーの補助定理を最後に、スペルナーの色塗りに関するすべての証明が終わりました。いよいよ今回の森の主人公、コーヒーが登場する番です。まず、コーヒーの入ったマグカップが三角形だと仮定します。コーヒーのすべての分子を一度

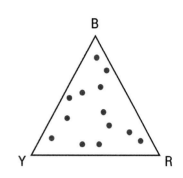

に扱うことができないので、いったん適当に選んだいくつかの色の点のみに集中します。そして選択した点がコーヒーをかき混ぜた後、次のように移ったとします。

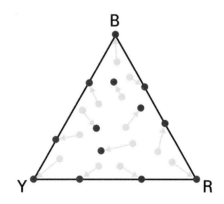

　移った点を3つの色のうちの1色で塗ります。矢印の方向が頂点Bに向かっているならば青色で、頂点Yに向かっているなら黄色、頂点Rに向かっているなら赤色です。この方法で色を塗ると、コーヒーを混ぜた後、頂点Bに位置する点はいつも青色で塗られます。

同様に頂点Yに位置する点は黄色、頂点Rに位置する点は赤色で塗られます。また、コーヒーを混ぜた後、辺BY上に位置する点は青色または黄色で、辺YR上に位置する点は黄色または赤色で、辺RB上に位置する点は赤色または青色で塗られます。

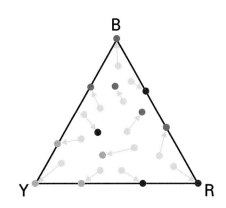

おおっ！　なんか見慣れた感じがしませんか？　この塗り方は、スペルナーの色塗りのすべての条件を満たしています。これが宝物への最後の手がかりであり、最も重要な手がかりです。

最後の手がかり-スペルナーの色塗りとコーヒーを混ぜる関連性
コーヒーをかき混ぜた後、各点が動いた方向の頂点に応じて色を塗ることは、スペルナーの色塗りのすべての条件を満たす。

したがって、スペルナーの補助定理により、次のように3つの頂点の色がすべて違う三角形が存在します。宝物がもう目の前に見え

ます。3つの頂点の色がすべて違う
三角形が存在するという事実で宝物
の答えを求めてみましょうか？

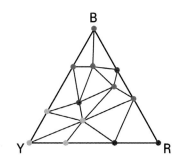

コーヒーの森の中に隠れている宝物
コーヒーをかき混ぜる過程は、常に不動点をもつのか？

　同じ論理を上図の緑色の三角形の中にも適用することができま
す。緑の三角形の中から1つを選んで、その三角形の3つの頂点を
それぞれB'、Y'、R'とします。選択した三角形の内側のいくつかの
点を選び、かき混ぜる前からかき混ぜた後の移動方向が向く頂点に
応じて、小さな三角形の内側の色を塗ってみます。すると僕たち
は、またスペルナーの補助定理によって、3つの頂点がすべて違う
色である小さな三角形を見つけることができます。

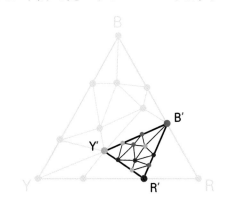

そして、その小さな三角形の内側でまた同じ論理を適用するなら、以下のように三角形の大きさはますます小さくなり、やがて1つの点として収束します。

　三角形の3つの頂点が収束する点をPとしましょう。点Pはとても特別な点です。点Pは黄色、赤色そして青色で同時に色を塗らなければならないからです。これはたった1つの可能性を示唆しています。**点Pは不動点**です！　点Pが動かない場合のみPは黄色、赤色、青色の中でどの色でもとることができます。したがって、三角形のカップの中でコーヒーを混ぜたら常に不動点Pが存在します。■

マグカップが円形ならば?

　マグカップが三角形の場合、コーヒーをどのようにかき混ぜてもいつも不動点は存在するということがわかりました。しかし、マグカップが三角形であるはずはありませんよね。では、僕たちが得た結果を基に円形のマグカップで問題を解いてみましょう。核心的な

アイデアは次の通りです。円形のマグカップでコーヒーをかき混ぜる過程を3つの段階に分けて考えたものです。

1. 円形のマグカップを三角形のマグカップに変換する。
2. 変換した三角形のマグカップでコーヒーをかき混ぜる。
3. 三角形のマグカップをもう一度円形のマグカップに逆変換させる。

　僕たちは、2番の過程で不動点が存在するという事実を知っています。この事実を応用すれば、円形のマグカップで起きるかき混ぜにも不動点が存在するという事実を証明できます。

　ここは難易度が高いです。この本全体を通して最も難しい部分です。「三角形のマグカップってなによ、私は円形のマグカップで問題を解きたいの！」という方、ここから集中してください。コーヒーを混ぜる変換をfとして、コーヒーの中のある点をxとします。fによって移動したxの位置は$f(x)$です。

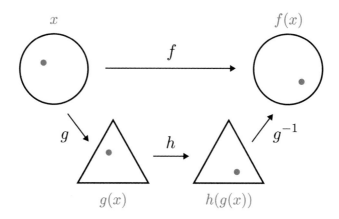

まず、円形のマグカップを三角形のマグカップに変える変換 g を探します。その次に、変換 f に対応する h を見つけなければなりません。変換 h は、円形マグカップで成り立つ変換 f を三角形マグカップからそのまま具現しなければなりません。g の逆変換、g^{-1} を適用して再びマグカップが円形に変わったとき、点の位置は、$f(x)$ と一致しなければなりません。この論議をまとめると、次のようになります。

変換	説明
f	円形マグカップでコーヒーをかき混ぜる変換
g	円形マグカップを三角形のマグカップに変える変換
h	三角形マグカップでコーヒーをかき混ぜる変換
g^{-1}	三角形のマグカップを円形マグカップに変える変換（g の逆変換）

$$条件：f(x) = g^{-1}(h(g(x)))$$

　まず変換 g を探してみましょう。変換 g は、円の内側のすべての点を円に内接する三角形の内側に完全に移す変換です（これから話すことは、文章だけ読んでいるとなんの話かさっぱりわからないと思うので、次ページの図を参考にしてください）。点 x と円の中心を結ぶ直線を描くと、この直線は円と1つの点で出会います。この点を T として、T と円の中心の間の距離を a、そして x と円の中心の間の距離を b とします。

　変換 g は次の過程を通じて行われます。まず、円に内接する三角形（点線）を描きます。この三角形は、少し前に引いた直線と1点で

出会います。この点をT'だとします。点T'を$a:b$の比率で中心に向かって近くに移動した点を$g(x)$としたら、変換gは円のすべての点を三角形内に1対1で移動します。円の周囲の点は、三角形の周囲の上に移動し、円の内部の点は三角形の内部に移動します。

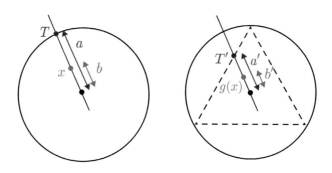

ただし、$a:b=a':b'$

　上の過程を逆に踏むと、gの逆変換g^{-1}が得られます。では、変換hを探してみましょう。変換hは以下の条件を満たさなければなりません。

$$g^{-1}(h(g(x)))=f(x)$$

　まず両辺にgをとると、左辺のg^{-1}が相殺されます。

$$h(g(x))=g(f(x))$$

$x=g^{-1}(y)$ に置換すると、左辺の h の中に入っている g が相殺されます。

$$h(g(g^{-1}(y)))=h(y)=g(f(g^{-1}(y)))$$

したがって、$h(y)=g(f(g^{-1}(y)))$ です。y は、アルファベットの文字に過ぎず、再び x に変えることができ、その結果、以下の式が得られます。

$$h(x)=g(f(g^{-1}(x)))$$

右辺の g、f、g^{-1} はすべて存在する変換なので、左辺の h もやはり存在する変換であることがわかります。これにより、僕たちは前で話したすべての変換を見つけました。

h は、三角形内部で起こる変換なので不動点をもちます。この事実を使うと、f も不動点をもつことを証明することができます。では、最後の段階です。

三角形から円形に跳躍する
h が不動点をもつなら、f も不動点をもつということを示しなさい。

h の不動点を P だとします。つまり、

$$h(P)=P$$

です。しかし、$h(x)=g(f(g^{-1}(x)))$なので、

$$g(f(g^{-1}(P)))=P$$

です。両辺にg^{-1}をとると左辺のgが相殺されます。

$$f(g^{-1}(P))=g^{-1}(P)$$

Pは三角形内部の点であるため、$g^{-1}(P)$は円の内側の点です（g^{-1}は三角形を円に変える変換ですから）。$g^{-1}(P)$をQだとします。そうすると上の式は、

$$f(Q)=Q$$

と書くことができます……。あっ！　Qはfの不動点です！　これにより、円形マグカップで起きる任意の変換fに対しても常に不動点を見つけることができると証明されました！■

コーヒーの森を離れて書く紀行文

　長い旅でしたね。僕たちの旅をもう一度振り返ってみましょうか。

　1.　僕たちの旅行は**スペルナーの色塗り**から始まりました。

2. 数学的帰納法を利用して**スペルナーの奇数性**を証明しました。

3. **スペルナーの旅行**の概念を導入した後、スペルナーの旅行の入口と出口が1対1対応という点とスペルナーの奇数性から**失敗旅行の存在性**を確認しました。

4. 失敗旅行が存在するという事実は、3つの頂点の色がすべて異なる三角形が必ず存在するという**スペルナーの補助定理**につながりました。

5. しかし驚くべきことに、**コーヒーをかき混ぜる過程**はスペルナーの色塗りとして解釈することができました。

6. したがって、スペルナーの補助定理から**無限に三角形を収縮**し、不動点が存在するしかないということを証明できました。

7. 最後に**三角形のマグカップを円形に変える方法**を見つけた後、**関数方程式**を解いた末に、ついに問題を解決しました。

スペルナーの色塗りは、本当に美しい数学の問題です。コーヒー粒子の動きを色塗りした後、無限収縮を通じて不動点を見つけるアイデアは芸術的でした。この証明の過程でみなさんに驚きの瞬間があったなら、僕は大満足です。数学が美しい学問という言葉は聞いたことがありますが、一体何が美しいのかよくわからなかったみなさんに、この章の内容が「数学が美しいって、このことか」と感じてもらえれば嬉しいです。

単に円形のマグカップだけではなく、ほとんどの形のマグカップは三角形マグカップに1対1変換することができます。たとえば、下図の五角形のマグカップの内部の点xは、前と同じ方法で三角形内部の点$g(x)$に移動できます。

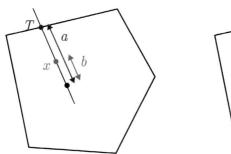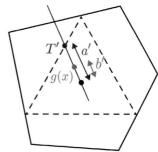

　しかし、常に三角形に変換することが可能とは限りません。みなさん、第1部で扱った凸と凹を覚えていますか？　もしマグカップが凹型だったら、前述の方法でマグカップを三角形に変換することはできません！　なぜなのかは、僕たちが第1部で扱った凸と凹の定義を思い出して考えてみてください。

三角形変換が可能な条件
なぜ凹型のマグカップでは変換gが成立しないのか？

　そのため、凹型のマグカップの場合には、不動点がない変換がある可能性もあります。第1部で僕たちは、ドーナツが凹図形である

ことを確認しました。そういえば、本当にマグカップがドーナツ状である場合は、下図のように円形でかき混ぜてコーヒーのすべての粒子を移動させることができますね！

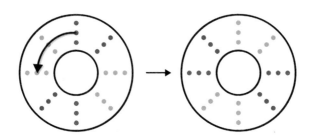

　反対に、マグカップが凸型の場合は、いつも三角形マグカップに変換できます。したがって、凸型のマグカップで起きるかき混ぜにはいつも不動点が存在します。これを一般化したのが、**ブラウワーの不動点定理**です。

ブラウワーの不動点定理
凸の空間内で起きる連続的な変換は不動点をもつ。

　また、第1部で取り上げた用語が出てきましたね！　連続的な変換を覚えていますか？　与えられた空間を切ったり、ほかの空間をくっつけたりしない変換を意味します。イプシロン-デルタ論法を使うと、もう少し厳密に定義できましたよね。

　さあ、これでコーヒーの森ともお別れの時間です。最後の森が僕たちを待ち受けています。

③ 地球の正反対にある縁を探して

地球を貫くトンネル

　小さい頃、土を掘り続けると地球の反対側に出られるんじゃないかって思ったことありませんか？　後に地球科学を学んで、そんなトンネルを造ること自体が不可能だということを知りますが、それ

でもすごくおもしろい想像ですよね。物理学の有名な問題の中に、地球の中心を通るトンネルが貫通した後、そこに荷物を落としたら地球の反対側に到着するまでどれくらいかかるかを計算する問題があります。驚くことに、荷物の重さと関係なくわずか42分しかかからないそうです。すごい技術力でそんなトンネル

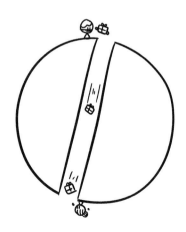

を造ることができたら、革命的なクイックサービス(宅配)になりそうですね。

　しかし残念なことに、このようなトンネルを造る技術力ができたとしても、地球を貫通するクイックサービスが、韓国のソウルでは実施されそうにありません。ソウルの正反対は海だからです。そんなに遠くないところにアルゼンチンとウルグアイがありますが、残念ながらずれています。このクイックサービスの韓国1号店になる可能性のある唯一の場所は、済州島です。済州島の反対側は、ブラジルとウルグアイの国境なのでかなり有利な場所なんです。

　地球を貫通するトンネルを掘ったとき、トンネル両端の2点は**対蹠点**の関係にあるといいます。

対蹠点

点Pが球面上の点であるとき、Pの対蹠点は球面上Pの反対側にある点をいう。

　地球の大半は海なので、対蹠線にある2点間がすべて陸地というのはあまり多くはありません。ましてや、太平洋の対蹠点が太平洋の場合もあります。つまり、太平洋のある1点では、地球を貫いてもう一度太平洋に出ることもできるのです。太平洋はそれくらいものすごく大きな海ですからね。

　対蹠点は数学でも重要に扱われている概念で、これを使って解ける問題もかなりあります。この章では、対蹠点を利用して解ける問題の中でも、美しい例を見ていきたいと思います。

帰ってきた盗賊アルセーヌ

　高次元幾何学を話したときに登場したアルセーヌを覚えていますか？　この本で一度きりの登場でさよならするのには心残りだったのか、アルセーヌはまた別の宝物を盗む計画を立てました。今回はルパンという盗賊も一緒にすることにしました（ご存じですよね？）。今回盗む宝物は、ダイヤモンドとエメラルドがいくつもつながっている、とても高価なネックレスです。下図の青色のひし形がダイヤモンドで緑色のひし形がエメラルドです。

　2人の盗賊は、ネックレスをいとも簡単に盗みました。ネックレスを2人で公平に分けて持って帰ればいいだけです。2人の盗賊は、それぞれ同じ数のダイヤモンドとエメラルドを持ち帰れるように、ネックレスを切ることに合意します。しかし、ネックレスを切れば切るほどその価値が下がってしまうので、できるだけ少ない回数でネックレスを切らなければいけません。どうしたらいいでしょうか？

　ネックレスを1度だけ切るのでは、目的を達成できません。しかし、2回切れば可能です。次ページの図で、点線で示した2点を切

った後AとCのピースをアルセーヌに、Bのピースをルパンに分けると、2人の盗賊がそれぞれ同じ数のダイヤモンドとエメラルドを持っていくことになります。

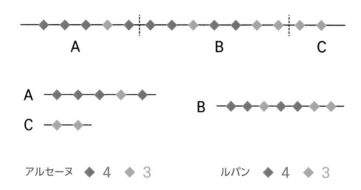

幸いにもネックレスを2回だけ切って目的を達成することができました。しかし、それは本当に可能なことなのでしょうか？　つまり、ダイヤモンドとエメラルドがどのように配列されているのか関係なく、常にネックレスを2回だけ切ることで宝石を同じように分配することができるのでしょうか？　この問題を解く前に、みなさんもネックレスをいくつか描いてみて、次の問題の条件を満たせるようネックレスを分割してみてください。ほとんどの場合、少しだけ悩んでみれば問題の条件を満たす分割方法を探せるはずです。僕たちの目的は、問題の条件を満たす方法が常に存在するのを証明することです。この問題が、最後の森である**ネックレスの森**の中に隠れている宝物です。

ところで、対蹠点を利用して解ける問題を紹介すると言っておき
ながら、なぜいきなりネックレスの話なのでしょうか？　そうなん
です、ネックレスの分配こそが対蹠点を利用しなければ、解けない
問題なんです。この問題は、一見幾何学や球面とはなんの関係もな
いように見えます。しかし、コーヒーをかき混ぜるのとスペルナー
の色塗りが実は同じ問題だったように、この問題も美しい論理を通
じて対蹠点探しに帰結するのです。これからネックレスの森の中へ
旅に出かけましょうか。

気温が同じ2つの対蹠点は存在するのか?

では、いつものように宝物に向かう最初の手がかりを教えます。

たとえば、今みなさんがいる場所の気温が25.1782℃で、地球の
正反対の気温も25.1782℃だったら、とても不思議な話ですよね。

この問題は、こんな不思議な対蹠点を常に探せるかを聞いています。直観的には、常に存在するどころか、何十年経っても対蹠点でありながら気温まで同じな場所はありえない気がします。果たして本当にそうなのでしょうか？

　前ページの手がかりを解く前に、もっと簡単な問題から見てみましょう。下図のように直線の上下にそれぞれ点が1つずつ描いてあります。このとき、間にある直線に出会わずに2点を連続的に結ぶことができますか？　ただし、直線は両端で無限に伸びています。

　もちろん不可能です。2点を結ぶためには、必ず間にある直線を通過しなければなりません。これを**中間値定理**といいます。

　中間値定理は、直観的に当然の事実です。しかし、中間値定理を数学的に厳密に証明することは、思ったよりかなり難しいことです。その根拠として、中間値定理の証明の中の1行を抜粋しておき

ます。

$$\exists c = \sup S \therefore \exists a^* \in (c - \delta, c] \cap S f(c) < f(a^*) + \epsilon \leq u + \epsilon$$

　1行だけでも中間値定理の厳密な証明は、この本の水準をはるか
に超えていると感じたはずです。中間値定理を証明するためには、
イプシロン－デルタ論法や実数の完備性などの性質を使わなければ
なりません。なので僕たちは、中間値定理が成立するという事実だ
け認め、先ほどの手がかりを解いてみましょう。

> **最初の手がかり**
> 地球上に気温がまったく同じ対蹠点の対は常に存在するのか？

　まず、地球上のどこでもいいので点を選び、その点をPとしま
す。そしてPの対蹠点をP'だとします。PとP'を通り過ぎて地球を
半分に分けて大きな円を描きます(左図)。そしてこの円の半分だけ
を取り出して一直線に伸ばします(右図)。

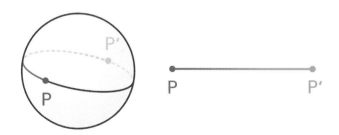

もしPの気温とP'の気温が同じならば、すぐに問題は解決してしまうでしょう。しかし、Pの気温とP'の気温が違うとします。たとえば、Pの気温は25℃でP'の気温は15℃だとしましょう。Pは自身の対蹠点よりも気温が10℃高いのです。この事実を表現するために、Pの上に10くらい離れた場所に点をとり、この点をAとします。反対にP'は自身の対蹠点より気温が10℃低いです。同様に、この事実を表現するためにP'の下に10くらい離れた場所に点をとります。この点をBとします。

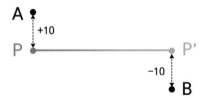

　勘のいい読者の方は、上図を見るなり頭の中が中間値定理でひらめき始めたはずです。PとP'の間にいくつかの点を追加した後、各点で自分と自身の対蹠点との気温差を同じ方法で示したら、この問題と中間値定理の間の関連性がはっきりと見えてきます。

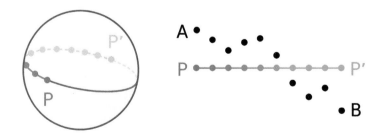

前ページの図では、P と P' の間にある点の中で一部だけをとったので点と点が切れています。しかし、実際には P と P' の間には無数の点があり、その点と対蹠点との気温差をすべて示したら下図のような A と B を連続的に結ぶ線が描かれます。

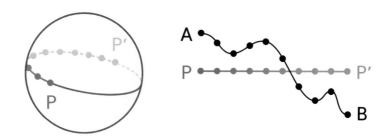

　しかし、中間値定理によって A と B を結ぶ線は、中間にある線分と少なくとも一度は出会わなければなりません。下図で赤色で示されている点 X がまさにその地点です。しかし、これはすなわち X と X の対蹠点 X' の気温差が 0 であることを意味しています。つまり、X と X' の気温が正確に同じであるという意味です。したがって、地球上には点 X のように自身の気温と対蹠点の気温が同じ地点が常に存在するのです！■

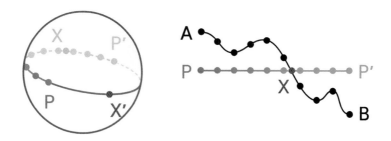

あえて比較する対象が気温である必要はありません。地球上に現れるすべての連続的なデータが命題を満たしています。たとえば、地球上には湿度が同じ対蹠点の対が常に存在し、気圧が同じ対蹠点の対も存在します。

揺れ動くテーブルを直す方法

　僕は、カフェに行くのが好きです。日常の中でいちばん簡単にロマンを見つける方法だという気がするからです。カフェの椅子にすわってアメリカーノコーヒーを飲みながら窓の外の人たちを見ていると、都市の活気とカフェの暖かい照明が一体となって、なんともいえない感傷に浸ってしまいます。

　でも、カフェの椅子にすわっていることが、いつもロマンに満ちているわけではありません。特に僕がすわっている席のテーブルが揺れ動いたら…あーっ、もう最悪です。無意識のうちにテーブルの上に乗せていた腕のせいでテーブルが傾き、コーヒーがこぼれてしまう、なんてことが起きるかもしれないからです。

　テーブルの脚が3本ならば、テーブルは揺れ動いたりしません。第2部で説明した高次元でわかったように、3つの点は平面を唯一決めるからです。しかし、脚が4本あるテーブルが均一でない地面の上にあるならば、揺れてしまいます。

　揺れ動くテーブルを直す最も簡単な方法は、ノートの紙を1枚破ってから、適当に折ってテーブルの浮いている脚と地面の間に挟むことです。いい方法ですが、これにはいくつか問題点があります。それにふさわしい紙を持っていない可能性があり、紙をきちんと挟んだにしろ時間

が経てば、紙が少しずつ平らになっていくので、またテーブルは揺れ動いてしまいます。

　幸いにも、紙を挟むよりももっといい方法があります。まさに中間値定理を応用するのです！　中間値定理をどのように応用したら、傾くテーブルを直すことができるか考えてみましょうか？

ボーナスクイズ-傾いたテーブル直し

同じ長さの脚を4本もったテーブルが均一でない地面の上にあるので傾いてしまう。

どうしたら紙などの道具なしにテーブルを傾かないようにできるだろうか？

　下図のようなテーブルの4本の脚をそれぞれA、B、C、Dとします。前に言ったように、3つの点は平面を唯一決めるので3本の脚をもつテーブルは安定的です。ですから脚B、C、Dは安定的に地面に着いています。しかし脚Aは地面から離れています。

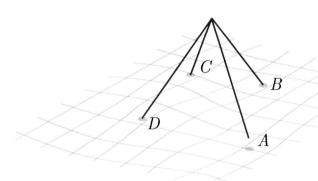

ずっと前ページのような3Dの図を描いていては死んでしまいそうなので、下図のように前ページの状況を図式化してみます。各点に描いている記号は、脚の端と地面との高さの差を意味しています。B、C、Dに描かれている0は脚B、C、Dが地面に当たっていることを意味し、脚Aに描かれている＋は、脚Aが地面よりも高く浮いていることを意味しています。

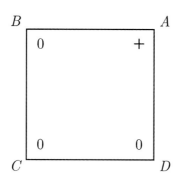

　A、B、C、Dの脚の長さはすべて同じです。それでも脚Aが空中に浮いているのは、脚Aの下の地面がほかに比べて相対的に低い地帯にあるという意味です。それでは、ここで問題を出します。

脚B、C、Dを地面に固定したままテーブルを90°ほど反時計回りに回したら、脚Aは地面よりも上にあるのか、地面よりもさらに下にあるのか？

考えてみましたか？　脚Aは地面よりも**もっと下**に位置するでしょう。テーブルを回す前に、Aの地帯はほかの3つの地帯よりも平均的に低いです。しかしテーブルを回すと、脚Aは低い地帯から抜け出して、脚Dがその低い地帯に位置します。したがって、脚B、C、Dを地面に当たったままテーブルを回すと、脚Aの地帯が脚B、C、Dの平均的な地帯よりも高いために、脚Aは地面の下を掘っていきます。

　おおっ！　もしかしてみなさんの頭の中が中間値定理でひらめき始めましたか？　中間値定理によって、テーブルを0°から90°に回してみると、脚Aと地面の高さの差が正から負に変化する途中で0になる瞬間が生まれます！　この瞬間、すべての脚A、B、C、Dが地面と接しているので、テーブルは安定して地面の上に立つようになります（図では角度が52°のときの例を挙げました）。

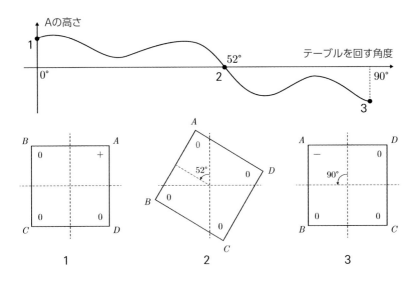

つまり、揺れ動くテーブルを揺れないように直す方法はとっても簡単です。ただテーブルを回してみることで、ある瞬間に揺れなくなるのです！■

ボーナスクイズの解答

テーブルを回すと中間値定理によって、テーブルが安定的に立つ瞬間が生じる。

ボルスク・ウラムの定理

宝物に向かう最初の手がかりを解くのに成功しました。今回話をする2番目の手がかりは、次の通りです。

最初の手がかりを解きながら、僕たちは気温が同一な対蹠点は常に存在することがわかりました。2番目の手がかりは、気温だけではなく湿度まで同一な対蹠点が存在するかを聞いています。この問題はどのように解くことができるのでしょうか？

ヒントを差し上げます。前に僕たちはPとP'を結ぶ経路には、気温が同一な対蹠点の対が少なくとも1つは存在することを確認しました。しかし、PとP'を結ぶ経路は無限に多いのです。したがって、気温が同一な対蹠点の対も無限に多いということがわかります。下図の〈X_1, X_1'〉、〈X_2, X_2'〉、〈X_3, X_3'〉などのようにです。

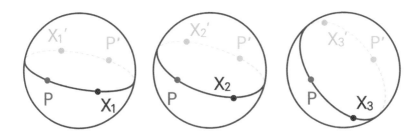

では、前ページの図でアイデアを得て、2番目の手がかりを解くことができますか？　以下のようにPとP'を結ぶ、少し離れた2つの経路を描いてみます。この経路をそれぞれ1番経路、2番経路と呼びます。1番経路と2番経路は、それぞれ気温が同一な対蹠点の対をもっています。2つの対をそれぞれ〈1, 1'〉と〈2, 2'〉と表記します。

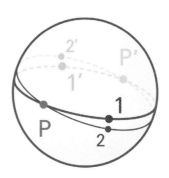

　1番経路と2番経路は少しだけ離れているので、各経路の気温分布は、ほぼ同じです。したがって、〈1, 1'〉と〈2, 2'〉もやはりほぼ同じ位置にあるはずです。したがって、PとP'を結ぶ経路を細かく描いた後、気温が同一な対蹠点の対を各径路ごとに表記したら、下図のように連続的な経路が描かれます。

この経路を延長し続けると、以下のように地球を一周包む経路が完成します。

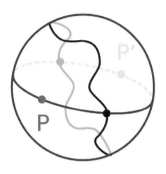

　僕たちは、地球を一周する経路にはいつも気温が同一な対蹠点の対が存在するということを知っています。そして、先ほど僕が話したように、データが気温である必要はありません。たとえば、地球を一周する経路には、常に湿度が同じ対蹠点の対が存在すると言ってもよいのです。

　ところで、よく見てください。上図の赤色の経路もやはり地球を一周包む経路です。したがって、図の赤色の経路には湿度が同一な対蹠点の対が存在します。しかし、赤色の経路は気温が同一な対蹠点の対でのみ成り立っているので、赤色の経路には気温と湿度がすべて同一な対蹠点が存在します！ ■

　この事実を一般化した定理を見てみましょう。

> **ボルスク・ウラムの定理**
> 球面上には連続的な2つの変数の値が同一な対蹠点が存在する。

ここで、変数が連続的であるという条件は重要です。離散的な(連続的ではない)変数は、中間値定理を満たしていません。もし2点A、Bを下図のようにまばらでよいのなら、間にある直線に出会わなくても、2点をつなぐことができます。このように、離散的な変数は中間値定理を満たしていないので、当然ボルスク・ウラムの定理も満たしていません。たとえば、ボルスク・ウラムの定理は、人口数が同じ対蹠点が存在するということを保証するものではありません。

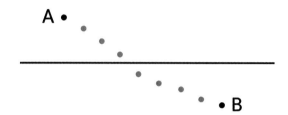

ネックレス問題に隠れているボルスク・ウラムの定理

　この辺で、僕たちが探す宝物が何なのか、もう一度見てみましょう。

ネックレスの森の中に隠れている宝物

偶数個のエメラルドと偶数個のダイヤモンドが無作為に配列されたネックレスが与えられたとき、2回以内でネックレスを切り、2人が同じ数のエメラルドとダイヤモンドを持っていくように分配することは、常に可能だろうか？

ネックレス問題は、一見ボルスク・ウラムの定理とはまったく関係がないように見えます。しかし、よく見てみると、ネックレス問題とボルスク・ウラムの定理の間になんらかの関連があると、気づくことができます。ボルスク・ウラムの定理は、2つの連続的な変数の値が同一な対蹠点の対が存在するという内容を含んでいます。ところで、ネックレス問題にもエメラルドの個数とダイヤモンドの個数という2つの変数が登場し、この2つの変数を同一に分配する方法を探さなければいけません。2つの変数の値が同一になる地点の存在性を探すという点では、ネックレス問題とボルスク・ウラムの定理は互いに似ています。

　…とはいえ、ネックレス問題にはボルスク・ウラムの定理を適用しにくくする、いくつかの特徴があります。まず、ボルスク・ウラムの定理を適用するためには、変数が連続的でないといけません。しかし、エメラルドとダイヤモンドの個数は1個、2個、3個…このように離散的に増加します。それだけではなく、ネックレス問題には、球面がまったく登場しません。

　したがって、僕たちがこれからしなければいけないことは、3つあります。最初に、ネックレス問題の中に隠れている球面を探し出すことです。次に、ダイヤモンドとエメラルドの個数という2つの離散的な変数を連続的な変数に変換することです。最後に、ボルスク・ウラムの定理を使ってネックレス問題を解決します。

解析幾何が初めての方のために

　ネックレス問題の中の球面を探し出すため、僕たちは解析幾何の力を借ります。解析幾何は、座標面を使って、幾何学を代数的に表現する学問です。座標面は、17世紀の数学の最大の快挙の1つと言ってもおかしくないほど数学史で重要な概念です。今では座標はとても身近な概念ですが、当時は点を2つの数で表現するということは、画期的なアイデアでした。座標の発明以前は、図形を扱う幾何学と数を扱う代数学は、まったく違う分野と見なされていました。しかし、座標の発明によって点と図形を数値化できるようになり、おかげで代数学の方法論を幾何学にそのまま適用することができるようになりました。数学者たちは、図形を座標面上に載せると定規やコンパスはなし、四則演算のみで複雑な幾何学の問題を解くことができるようになりました。

　図形を数値化するとは、正確にどういう意味なのでしょうか？最も簡単な図形である直線を例にします。次ページの図は、左図が直線状にある点5つを座標に示したものです。5つの点を観察してみると、各点でのx座標（横の座標）に3を足すと、y座標（縦座標）になりますね！　したがって、左側の直線は、$x+3=y$という式で表すことができます。もう少し複雑な例を挙げるなら、右図の放物線は、$x^2+y=9$という式で表すことができます。

　では、左図の直線と右図の放物線が出会う交点はどうなるのでしょうか？　交点の座標を(a, b)とすると、この交点は左の式と右の式を同時に満たさなければなりません。

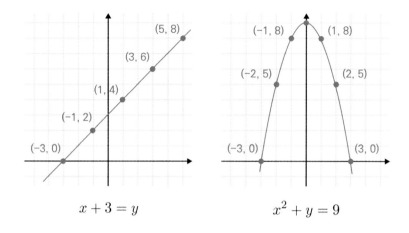

$$x + 3 = y \qquad\qquad x^2 + y = 9$$

$$a{+}3{=}b,\ a^2{+}b{=}9$$

　最初の式を2番目の式に代入して整理すると、以下の式が得られます。

$$a^2{+}(a{+}3){=}9$$

　おなじみの数式ですね。僕たちがよく知っている**二次方程式**です。二次方程式の解法は、中学で習うくらい簡単なものですが、その過程がそれほど楽しくないので答えだけお教えします。上の二次方程式を解くと、aは-3と2という2つの解を得ます。つまり、交点は、$(-3, 0)$と$(2, 5)$です。

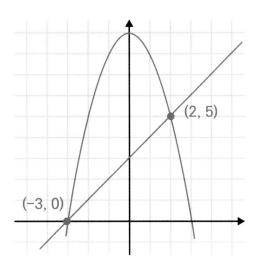

　放物線と直線の交点を求めることがどんなに重要かは言うまでもありません。空に投げたすべての物体は放物線の軌跡を描くため、大砲を正確に撃つことにも必須です。また、放物線状レンズの焦点を正確に計算するためにも、このような過程が必要です。座標の発明以前にこのような計算をするためには、定規とコンパスを持って、いろいろな補助線を描くなど、とんでもない複雑な過程を踏まなければなりませんでしたが、座標の発明以後は、中学生でもできるほど簡単になりました。

　直線や放物線だけではなく、すべての図形は式で表現することができます。たとえばハートは$(x^2+y^2-1)^3-x^2y^3=0$で表すことができ、無限大記号（∞）は$(x^2+y^2)^2=x^2-y^2$で表すことができます（時々、理工系の大学生どうしで、ハート方程式のやりとりをして告白をするという変な誤解をされている方がいますが、誰もそんなことしません…）。

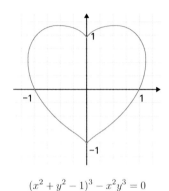

$(x^2 + y^2 - 1)^3 - x^2 y^3 = 0$

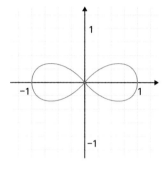

$(x^2 + y^2)^2 = x^2 - y^2$

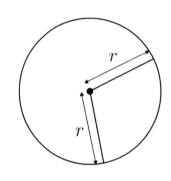

では、**円**はどのような式で表すことができるでしょうか？　これに先立ち、円の定義について正確に知っておかなければなりません。数学の核心は、厳密で明瞭な定義ですから。円をただ「丸い図形」というと、楕円も円になってしまいます。「丸い図形」自体が厳密な表現ではないのです。円がほかの図形と区別される特徴は、中心から周囲の上の点までの距離(半径)が一定であるということです。このことから円を次のように定義することができます。

円

1つの点から一定した距離だけ離れた点の集まり。

この事実をどう表現することができますか？　便宜上、中心が原点で半径が1の円を考えてみてください。円の上の任意の点を(x, y)だとすると、$(0, 0)$と(x, y)の距離は1でなければなりません。この状況はどこか見慣れた感じがしますね。2つの点の間の距離を求めることは、鳩の森でやったことがあります。ピタゴラスの定理で近づけます！

　$(0, 0)$と(x, y)の距離が1になるためには$x^2+y^2=1$でなければなりません。したがって、中心が原点で半径が1である円は、$x^2+y^2=1$として表すことができます。

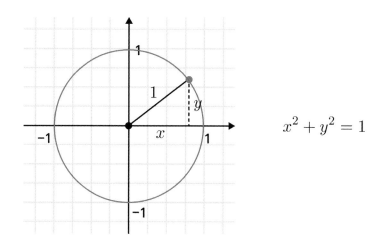

$$x^2 + y^2 = 1$$

　この事実を3次元で拡張すると、球面も数式で表すことができます。3次元でのピタゴラスの定理を適用すると（いつか使うと言いましたよね?）、中心が原点であり、半径が1の球面は$x^2+y^2+z^2=1$で表すことができます。

　球面の方程式は、ネックレスの問題を解くための重要な道具にな

るので、必ず覚えていてください！

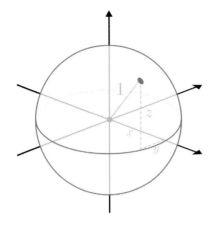

$$x^2 + y^2 + z^2 = 1$$

> **球面の方程式**
>
> 半径が1の球面上の点 (x, y, z) は $x^2+y^2+z^2=1$ を満たす。

もう一度、証明のクライマックス

では、ネックレスに隠れている球面を探してみましょう。ネックレスの長さを1とします。このネックレスを2回切るとネックレスは3つに分けられます。各部分の長さをX、Y、Zとすると、$X+Y+Z$=1を満たします。

おおっ、もしかして球面が目に入り始めましたか？ $X+Y+Z$=1という式は、球面の式ととても似ています。X、Y、Zはすべて正数なので、ルートをとることができます。$\sqrt{X}$、$\sqrt{Y}$、$\sqrt{Z}$をそれぞれx、y、zとすると$x^2+y^2+z^2$=1になります。したがって点(x, y, z)は、中心が原点で半径が1の球面上にある点です。

X=1/2、Y=1/3、Z=1/6の場合、たとえば以下の通りです(続く図で高さ$\sqrt{1/6}$まで表すとあまりにも複雑なのでそれは除きました)。

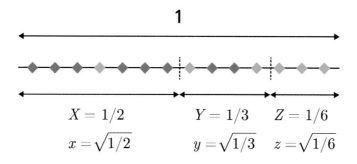

ただ、2乗して1/2, 1/3, 1/6になる値は、$\sqrt{1/2}$、$\sqrt{1/3}$、$\sqrt{1/6}$だけではなく$-\sqrt{1/2}$、$-\sqrt{1/3}$、$-\sqrt{1/6}$もあります。この事実を有利に使ってみましょうか？　ネックレスの各ピースはアルセーヌとルパンのど

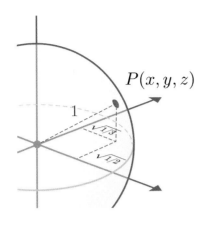

$P(x, y, z)$

1

$\sqrt{1/3}$

$\sqrt{1/2}$

ちらかが持っていくことになります。もしアルセーヌが長さ X のピースを持っていったなら x の符号を正数に、ルパンが長さ X のピースを持っていったなら x の符号を負数にしましょう。このようにすると点 (x, y, z) は、**ネックレスの３つのピースの長さに対する情報**だけではなく、**おのおの誰に与えられたかについての情報**も表します。

　具体的な例を挙げます。各ピースの長さが $X=1/2$、$Y=1/3$、$Z=1/6$ になるように、ネックレスを切りました。アルセーヌが X、Z のかけらを持っていき、ルパンが Y のピースを持っていった状況は、$(\sqrt{1/2}, -\sqrt{1/3}, \sqrt{1/6})$ として表せます。逆にアルセーヌが Y を持っていき、ルパンが X、Z を持っていった状況は、$(-\sqrt{1/2}, \sqrt{1/3}, -\sqrt{1/6})$ と表すことができます。

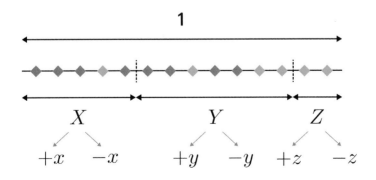

1

X　　　　　Y　　　　　Z

$+x$　$-x$　　$+y$　$-y$　　$+z$　$-z$

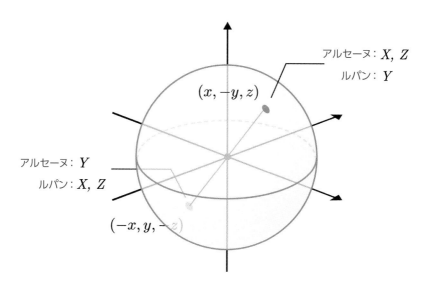

アルセーヌ: X, Z
ルパン: Y

$(x, -y, z)$

アルセーヌ: Y
ルパン: X, Z

$(-x, y, -z)$

　おおっ！　ついに、ついに、ネックレスの問題の中にこっそり隠れていたボルスク・ウラムの定理が見え始めました！　ネックレス問題で、対蹠点はアルセーヌがルパンのピースを、ルパンがアルセーヌのピースを取り替えて持っていく状況を意味します。これから僕たちが、ボルスク・ウラムの定理を使用するために最後に越えなければいけない難関は、ダイヤモンドとエメラルドの個数という2つの離散的な変数を連続的な変数に変えることです。このために、ネックレスに宝石がつながっているのではなく、メッキされていると考えてみます。次の場合、各宝石が全体のネックレスの1/14ほどをメッキしているとします（ダイヤモンドとエメラルドをメッキするのが可能かどうかはわかりませんが、まあ、数学の本ですから、仮定できないものはないですよね？）。

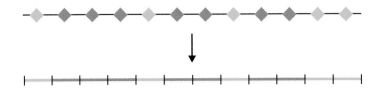

上図のように連続的なネックレス問題を解いてみましょう。

ネックレス問題の連続バージョン

エメラルドとダイヤモンドがネックレス上にメッキされている場合、2回以内でネックレスを切って、2人が同じ量のエメラルドとダイヤモンドを持っていくよう分配することは、常に可能だろうか？

　実際、連続バージョンのネックレス問題を解くと、オリジナルのネックレス問題が簡単に解けてしまいます。なぜなら、連続的なネックレスで公平に分配する方法を探し出せたら、この解決策を離散的にネックレスにそのまま適用できるからです。連続的な場合のネックレス問題の解答を、以下のように見つけたと仮定します。

　この場合、ネックレスを切る地点が元々宝石がつながっていた地点とずれてしまうので、上記の解答を離散的なネックレスに適用するには問題がありそうです。しかし、切る地点を少し左側に移してみたらいいのです。まったく問題ありません。

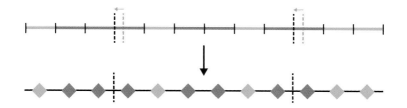

　ついにすべての準備が終わりました。今までの論議をもとに、ネ
ックレスの森の中に隠れている宝物を探し出すことができますよ
ね？

> **ネックレスの森の中に隠れている宝物**
> 偶数個のエメラルドと偶数個のダイヤモンドが無作為に配列され
> たネックレスが与えられたとき、2回以内でネックレスを切り、
> 2人が同じ数のエメラルドとダイヤモンドを持っていくように分
> 配することは、常に可能だろうか？

　先ほど見たように半径1の球面上の各点は、ネックレスを3ピー
スに分けた後、アルセーヌとルパンに与える方法と1対1対応にな
ります。したがって、半径1の球面上の各点は、その点が意味する
方法でネックレスを分配するとき、アルセーヌが持っていくダイヤ
モンドの量とアルセーヌが持っていくエメラルドの量という2つの
変数を付与することができます。僕たちが地球上の任意の点に、そ
の地点での温度と湿度という2つの変数を付与したようにです。す
ると、ボルスク・ウラムの定理によって、2つの変数の値が同じ対
蹠点の対が存在します。

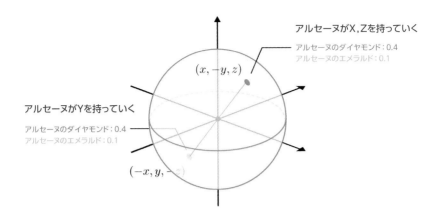

アルセーヌがX,Zを持っていく
アルセーヌのダイヤモンド：0.4
アルセーヌのエメラルド：0.1

$(x, -y, z)$

アルセーヌがYを持っていく
アルセーヌのダイヤモンド：0.4
アルセーヌのエメラルド：0.1

$(-x, y, -z)$

　ところで、ネックレス問題で対蹠点の意味が何だったか覚えていますか？　ネックレス問題での対蹠点は、アルセーヌがルパンのピースを、ルパンがアルセーヌのピースを取り替えて持っていくという状況を意味しています。つまり上の状況は、アルセーヌがルパンのピースを取り替えて持っていったにもかかわらず、アルセーヌが持っているダイヤモンドの量とエメラルドの量が同じということを意味しています。これは何を示唆しますか？　はい、これはアルセーヌが持っていたダイヤモンドとエメラルドの量がルパンが持っていた量と同じという意味です！　このようにボルスク・ウラムの定理を利用して、偶数個のダイヤモンドとエメラルドが適当につながっていてもネックレスを2回切るだけで、常にアルセーヌとルパンに宝石を同じように分配することができることを証明しました！■

　ところで、宝石の種類がダイヤモンド、エメラルド、ルビーの3種類ならばどうでしょうか？　4種類、5種類ならばどうですか？　全部でn種類の宝石がつながっているネックレスを公平に分配するためには、何度切らなければいけないのでしょうか？

一般化されたネックレス分配問題

全部でn種類の宝石がそれぞれ偶数個ほどつながっているネックレスがある。このネックレスを少なくとも何回切ると、宝石の配列順序と関係なく、常に2人に宝石を同じく分けることができるだろうか？

　一般化されたネックレス分配問題は、**一般化されたボルスク・ウラムの定理**で近づくことができます。

一般化されたボルスク・ウラムの定理

任意の自然数nに対して、$n+1$次元の球の表面にはn個の連続的な変数の値が同一の対蹠点が存在する。

　一般化されたボルスク・ウラムの定理から、一般化されたネックレスの分割問題の答えがn回だとわかります。nが3のときの例を挙げてみます。ネックレスを3回切るとネックレスは全部で4つのかけらで分けられます。それぞれのかけらの長さをX、Y、Z、Wだとします。2乗してそれぞれX、Y、Z、Wになる数をx、y、z、wだとすると、$x^2+y^2+z^2+w^2=1$を満たします。

　前に僕たちは、円の方程式が$x^2+y^2=1$で、球の方程式が$x^2+y^2+z^2=1$であることを知りました。なので、$x^2+y^2+z^2+w^2=1$は4次元の球の方程式ではないかと推測することができます。この推測は事実です！　よって、(x, y, z, w)は4次元球上の1点です。

　これで僕たちは、これまでの論議を同一に適用することができま

す。符号がプラス(+)なら該当するピースがアルセーヌに、マイナ
ス(-)ならルパンに与えられたとして解釈してみましょう。すると、
対蹠点はアルセーヌとルパンがピースを取り替えていくことを意味
しています。球面上の各点にアルセーヌが持っていくダイヤモンド
の量、エメラルドの量、ルビーの量、計3つの変数を見せようと思
います。そうすると、ボルスク・ウラムの定理によって、アルセー
ヌとルパンがピースを取り替えて持っていっても、それぞれが持っ
ていく宝石の量に変化はない分割方法、つまりネックレス問題の条
件を満たす分割方法が常に存在します！

ネックレスの森の結論

n 種類の宝石がつながったネックレスを n 回切って、2人の泥棒が
同じように宝石を持っていけるように分割することができる。

最後のネタ

　もう第3部の大詰めに入ります。第3部で僕は、みなさんにまっ
たく関係のないように見える問題が、美しい論理を通じて1つの原
理として帰結するという姿を見せました。僕たちの旅を振り返って
みましょうか？

　最初の森は**鳩の森**でした。鳩の森で僕たちは髪の毛の問題や四角
形に5つの点をとる問題などまったく関係なさそうに見える問題が、
鳩の巣原理という共通の原理で解けるということを確認しました。

2番目の森は**コーヒーの森**でした。僕たちは不動点がないように
コーヒーをかき混ぜることができるかという質問で、コーヒーの森
への旅を始めました。多少唐突に見えたスペルナーの色塗りについ
て長く話しました。でも、僕たちがたくさん話していたスペルナー
の色塗りは、コーヒー問題を解く秘密兵器になりました。色塗りに
よってブラウワーの不動点定理を証明する過程は、とても美しいも
のでした。

　最後の森は**ネックレスの森**でした。この森の核心テーマは中間値
定理でした。中間値定理は、当たり前な内容だけれども、本当に多
くの問題を解く神妙な道具でした。揺れ動くテーブルを直す方法か
らボルスク・ウラムの定理の証明まで、中間値定理の威力は本当に
すごいものでした。それだけではなく、ネックレスを分割する方法
を球面上の点で表した後、ボルスク・ウラムの定理を適用するアイ
デアは本当に素晴らしかったですよね。

森	問題	核心テーマ
鳩の森	正方形内に5つの点をとるとき、すべての点どうしの距離が1.42以上になるようにとれるか？	鳩の巣原理
コーヒーの森	コーヒーを混ぜるとき、不動点が出ないように混ぜることができるか？	ブラウワーの不動点定理
ネックレスの森	ダイヤモンドとエメラルドがつながったネックレスを2回だけ切って、2人の泥棒に公平に分けることができるか？	ボルスク・ウラムの定理

　これで、僕がみなさんに見せたかった問題はすべて終わりまし
た。でも、第3部を離れる前に最後のために終わりまで残していた

話が1つあります。多くの問題の中でこの3つの問題を選択した理由です。

僕はインテリアに興味があります。自分の部屋を飾りつけるために、時々インターネットできれいな照明や家具を購入します。このとき、それぞれの家具1つ1つがどれだけ美しいかを確認するのは重要です。しかしインテリアを考えるときは、それぞれの美しさよりも、いろいろな家具がどれだけ調和するかも重要なものです。

この本を構成するときも、各章ごとにおもしろくて美しい内容を紹介することが重要ですが、本全体を見たときその内容がどれほど調和しているかもとっても重要だと思いました。「ビッグピクチャーを見ろ」という言葉があります。みなさんは第3部で、なぜか何かが繰り返されている気がしたのでは、と思います。僕たちは第3部の問題を解いていきながら、何かの**存在性**を問い、**連続性**が気になり、**いろいろな場合の数**を問うてみました。

ならば…もしかして第3部のすべての内容は**1つの原理**で結ばれているのではないでしょうか？　それが、僕たちが見つけるべき本

当の宝物だったのでしょうか？　この質問は「ネタ（トッパブ）」としておきます。もし機会があれば、もう一度この主題に対して話す日が来ると思います！　そのときまで、みなさんが第3部で感じた美しさを記憶しながら、数学に対する憧れをもっていてほしいなと願っています。

第 4 部

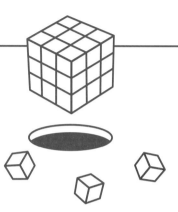

数学の目で
見る世界

① 最も効率的な方法を探して

√(x)

飛行機搭乗はあまりにも遅い

　僕は旅行が好きです。毎年新しい言語を習得してから、その言語を使う国に行くことを新年の目標にしているほどです。でも皮肉にも、僕にとっていちばん楽しみな瞬間は、旅行先に到着した後ではなく旅行先に行くまでの時間、つまり飛行機に乗っている瞬間です。未来に起きることを想像することが、現在の過程を見守るよりもはるかに楽しいんです。だから、飛行機に乗って飛行機が離陸する間、周囲の環境を慎重に観察して感じとろうとしています。座席の前に差し込まれたパンフレットを読んだり、空港の滑走路がどんな形にできているかなども見ています。

　空港の滑走路を観察して気づいた事実の1つに、空港の滑走路に描かれた大きな数字が実は、飛行機が向かう方向を意味しているということです。たとえば、09と描いてあれば飛行機が東（北から90°）

を向いて出発するという意味で、18と描いてあれば飛行機は南（北から180°）に向いて出発するという意味です。次に飛行機に乗るときに確認してみたらおもしろいと思いますよ。

　飛行機を観察してわかったもう1つのことは、航空会社ごとに乗客の搭乗のし方が違うことです。ビジネスクラスでない限り、韓国のほとんどの航空会社は飛行機に乗る順番を特に定めてはいません。しかし、アメリカを含むいくつかの国の航空会社には、ボーディンググループ (Boarding Group) という制度があります。これらの航空会社は、乗客をいくつかのグループに分けます。すべての乗客のチケットには、自分の座席が属するグループが何番なのか書いてあり、乗務員は1番グループから順番に乗客に列をつくってもらうようにします。この方式は、後ろのグループから前のグループの順に乗客を乗せるので**後前着席方式**と呼ばれています。

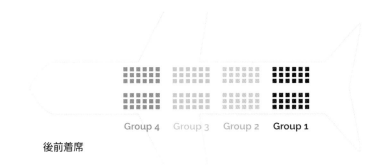

Group 4　Group 3　Group 2　**Group 1**

後前着席

　このやり方はとてもよさそうです。アメリカに旅行に行ったとき、僕は航空会社が後前着席方式を利用することにすごく興味をも

ちました。後前着席方式を利用すると、ランダムにすわるときより
もどれほど早く着席が終わるのか気になった僕は、着席にかかる時
間を測ってみました。そして、帰国するときの韓国の飛行機で着席
が終わるまでにかかる時間と比較してみました。結果は…韓国の飛
行機での着席のほうがはるかに早く終わったのです。こんな意外な
結果が出たのには2つの可能性があります。1つ目は、ランダム着
席方式のほうが後前着席方式よりも早い着席の方式であるという可
能性です。2つ目は、韓国人の行動自体がとても速いので、着席方
式と関係なしに韓国人が多く搭乗する飛行機は着席が早く終わる可
能性です。僕は当然、2つ目の理由だろうと思って、飛行機の着席
についてさらなる探求をまとめました。

　しかし、実は僕の考えは間違っていたのです。実際に、飛行機の
搭乗客を対象とした実験によると、173人が着席するのに後前着席
方式は平均24.5分かかりましたが、ランダム着席方式は17.3分で
した。なぜ後前着席方式がランダム着席方式よりも遅いのでしょう
か？　この質問に答える前に、同じテーマで素晴らしい動画を作っ
てくれたユーチューバーのCGP Greyに感謝します。動画のタイト
ルは「The Better Boarding Method Airlines Won't Use」（出典：https://
youtu.be/oAHbLRjF0vo）は、楽しみながら見られる動画なので、英語に
慣れている方ならばすごくおすすめです。

　僕たちが飛行機に乗る瞬間を思い浮かべてみてください。席にす
わる前にトランクからノートパソコンを取り出し、背負っているカ
バンを棚に上げる前に1つ1つイヤフォンまで取り出すのにかかる
時間は思ったよりも長いです。これが、搭乗が停滞する原因です。

　たとえば、12人の乗客が下図のように飛行機の中に入るとします。各乗客の座席は、その座席にすわる乗客と同じ番号で示されています。飛行機のドアが開くと、すぐに乗客は飛行機の中にどんどん入っていきます。そして、1番の乗客が自分の席がある列に着くと、荷物を上げ始めます。2番の乗客の席は1番の乗客の座席よりも後ろにあるため、2番の乗客は1番の乗客が荷物を全部積み上げるまで待たなければなりません。後ろにいる乗客も同じです。11人の乗客がたった1人の乗客が荷物を上げるのを待っています。このような渋滞が発生すると、着席時間は急激に増えます（図で、赤色は乗客が荷物を上げていることを意味しています）。

　しかし、運が良ければ、2人以上の乗客が同時に荷物を上げ始め

ることもあるかもしれません。もし、下図のように座席が配置され
ていたら、1番の乗客と4番の乗客が荷物を同時に上げるので、は
るかに効率的です。このように、何人かの乗客が同時に荷物を上げ
る場合を**マッチ**と呼びます。

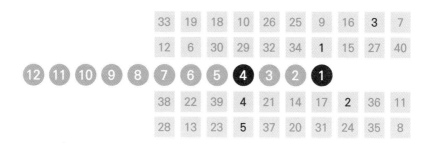

　マッチの頻度は、着席方式の効率性を決定する最大の要因です。
後前着席方式がランダム着席方式よりも遅いのは、後前着席方式の
マッチ頻度が低いからです。後前着席方式を使うと、前のほうのボー
ディンググループ（緑色）でマッチが起きる確率はまったくありま
せん。でも、現在入っている乗客のボーディンググループ（黄色）だ
けはマッチが起きるかもしれませんが、確率は低いです。

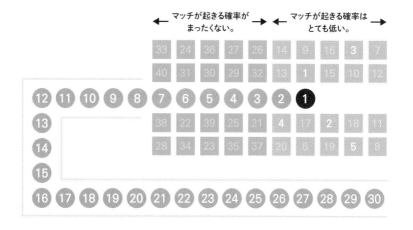

反面、ランダムに着席したら全区間でマッチが起きる確率があるので、後前着席方式に比べて効率的です。もちろん、この本での図は飛行機をかなり単純化しているので、現実の着席過程を正確に反映してはいませんが、それでも、後前着席方式が思ったよりも効率的ではない、ということを示しています。

　後前着席方式よりもっと非効率的な着席方式は、**前後着席方式**です。前後着席方式は、ボーディンググループの前から着席する方式です。後前着席方式の場合、飛行機が十分に長く、それぞれが早め早めに動くと前のほうでマッチが起きる確率が少しはあります。しかし、前後着席方式を使うと、同じグループではない限りマッチが起きる確率は皆無です。

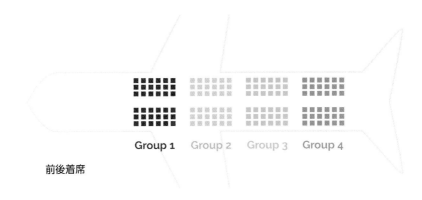

前後着席

　ならば、ランダム着席方式よりももっと早い着席方式は何があるでしょうか？　最初の方式は、**側面−中央着席方式**です。側面−中央着席方式は、グループを横に分けて側面から中央側の順ですわる方式です。この方式は、ランダム着席方式と似ていますが、窓側の

乗客が先に席にすわるため、中央側の乗客が立たなければいけない不必要な時間の消耗が発生しません。先ほど、173人を対象にランダム着席方式をする場合17.3分かかると言いましたが、側面–中央着席方式は14.9分でした。

側面–中央着席

　もし、乗客が並ぶ順序をいちいち指定してくれるなら、もっと効果的な着席が可能です。ジェイソン・ステファン(Jason Steffen)という数学者が探し当てた最高の着席順序は、次の通りです。次ページの図は、最初の40人の乗客の座席を表しています。飛行機のいちばん後ろの窓側の座席を割り当てられた乗客が最初に並び(1番乗客)、1番乗客から2列先に離れている乗客が列の2番目に…このように、各乗客の着席位置によって乗客が並ぶべき列の位置をステファンの方式の通りに1つ1つ指定してあげると、非常に早く飛行機の搭乗を終えることができます。

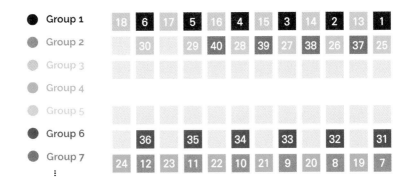

このような方式でグループを分けると、マッチの頻度が極大化するので、どの方式よりも早く着席することができます。下のグラフを見ると、この方式がどれほど効率的かがわかります。ちなみに、このグラフは着席方式と関連したいくつかの論文を参考にして構成したグラフです。具体的な時間は、1人あたりの荷物の平均個数や人の行動速度によって異なるので、各方式を比較する程度でのみ見てください。

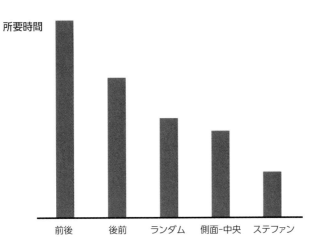

ステファン着席は素晴らしい方式に違いないのですが、現実的にすべての乗客をいちいち指定された位置に並ばせることはできません。このとき、変形したステファンの着席方式を使うことができます。ステファン変形着席方式はステファン方式よりも遅いけれど、側面-中央方式よりは早いです。

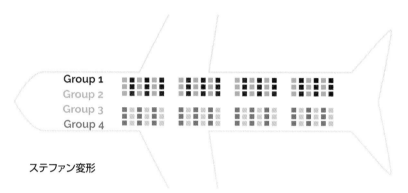

ステファン変形

　これまで飛行機に着席するいくつかの方法を見てきました。ある問題状況を解決する決まった方法を**アルゴリズム**（Algorithm）といいます。ランダム着席方式、後前着席方式、前後着席方式、ステファン着席方式は、すべて飛行機の着席に関するアルゴリズムです。

> **アルゴリズム**
> 問題を解く決められた手順。
> アルゴリズムは明確な規則で記述できなければならない。

　与えられた問題を解決するアルゴリズムは、普通はいくつかあるので、僕たちはその中で最も効率的なアルゴリズムを選択しなけれ

ばなりません。アルゴリズムの効率性は、大きく時間と空間という2つの側面から計算できます。**時間の効率性**が重要なアルゴリズムの例は、前に扱った飛行機の着席があります。一方、**空間の効率性**が重要なアルゴリズムの例としては、自動車のトランクに荷物を積むアルゴリズムがあります。通常、僕たちは、大きな荷物から小さな荷物の順にトランクに荷物を積み込みます。「小さい荷物から大きい荷物」のアルゴリズムに比べて、「大きい荷物から小さい荷物」のアルゴリズムが空間を効率的に使うからです。

効率のいいアルゴリズムを探すことは非常に重要です。先ほど飛行機の搭乗時間を比較した棒グラフからわかるように、効率的なアルゴリズムは、問題を解くのにかかる時間を画期的に減らすことができます。アルゴリズムの威力を実感するために、有名なアルゴリズムの一種である**ソートアルゴリズム**を例に挙げてみましょう。

1,000冊の本を並べるの?

本が好きなティモは、図書館の司書として働き始めました。そんなある日、図書館が1,000冊の本を新たに購入しました。ティモは、もっと多くの本に触れられると喜んでいましたが、実際に1,000冊が届くと問題を実感しました。これからティモは、1,000冊の本を図書館のコード番号順に整理しなければなりません。どんなアルゴリズムを使えば、いちばん早く本を整理することができるでしょうか?

　ティモの頭に真っ先に浮かんだアルゴリズムは次の通りです。本の山の最初の本と2番目の本のコード番号を比較します。このうち番号が小さい本はそのままにし、番号が大きい本は3番目の本と比較します。同様に、番号が小さい本はそのままにして番号が大きい本を4番目の本と比較します。このようにしていけば、番号が最も大きな本がいちばん最後に移ります。この過程をもう一度繰り返すと、番号が2番目に大きい本が最後から2番目に移り、この過程を1,000回繰り返すことですべての本が整理されます。この整理アルゴリズムを**バブルソート**といいます。

バブルソート

隣接する2つの値のうち小さい値が後ろにあるとき、この2つを交互に並べ替えるアルゴリズム。

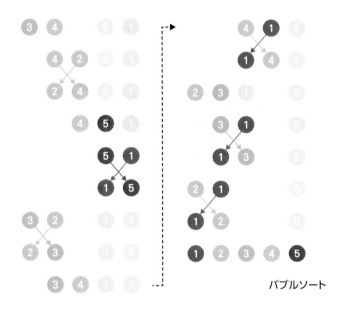

バブルソート

　もし、ティモがバブルソートを利用して1,000冊の本を整理す
るとしたら、どれくらいの時間がかかるでしょうか？　この方式
を利用して本1冊を整列させるためには、今まで整列させた本を
除いて、すべての本を互いに比較しなければなりません。5冊の
本を整列させるためには、全部で4+3+2+1=10回の比較が必要で
す。ならば、1,000冊の本を整列させるには、全部で999+998+…
+2+1=499,500回の比較が必要です。ティモが本を1回比較するの
に1秒かかるとしたら、整列を終えるのに5.78日が必要です。もし
ティモが月曜日の午前6時からバブルソートを利用して本を整列す
るなら、寝ずにご飯も食べずに、ひたすら本の整列だけをするとし
ても、日曜日の深夜になってやっと終わるということです。
　この方法は、どうも違うようですよね？　もっといいアルゴリズ

ムを考えてみます。これはどうでしょうか？　まず、1番目の本と
2番目の本のうち、より大きい本を後ろに置きます。その後、3番
目の本と2番目の本を比較して、もし3番目の本が2番目の本より
も小さいなら2冊の本の位置を変えます。もし3番目の本が最初の
本よりも小さいなら、また2つの位置を変えます。残りの本も同じ
方法で整理します。このアルゴリズムは**挿入ソート**と呼ばれます。

挿入ソート

　2番目の資料から始め、整列しようとする値をその前の値と比較
していきながら、適切な位置に移動するアルゴリズム。

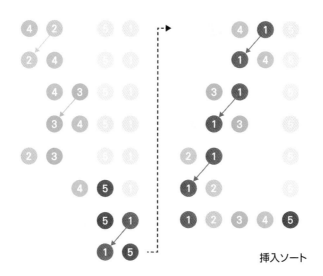

挿入ソート

挿入ソートは、バブルソートよりも約2倍速いです。バブルソー
トはk番目の本を整列するために必ず$k-1$番の比較が必要ですが、

挿入ソートはk番目の本を整列するために前の$k-1$冊の本を事例通りに比較していきますが、自分よりももっと小さい本に出会う瞬間に止めればいいので、平均的に$(k-1)/2$回だけ比較したらよいのです。バブルソートの半分程度ということです。しかし、挿入ソートを利用しても1,000冊の書籍を整列するのに3日近くかかります。バブルソート及び挿入ソートに加えてまた違う有名な整列アルゴリズムとして**選択ソート**[1]がありますが、選択ソートは挿入ソートよりもっと遅くなります。画期的にもっと速い方法はないのでしょうか？

半分に分けて分けて分ける

　ティモを助けるアイデアを得るために、いったん違う問題を見てみます。みなさん、**アップ＆ダウンゲーム**をご存じですか？　このゲームは、相手が紙に書いた1から100までの数字を当てるゲームです。ただし、相手は僕が呼んだ数字が自分が思っている数字よりも大きい（アップ）か、小さい（ダウン）かを知らせなければなりません。少ない回数で数字を当てるほど、より高い点数を得ることができます。

　もしみなさんが数字を当てる立場なら、どんなアルゴリズムを使って数字を当てますか？　最も単純な方法は、ただ1から100まで

1　選択ソートの過程は次の通りです。まず、与えられた数字の中で最も高い値を見つけてから、最初に配置します。その後、残りの数字の中で最も高い値を探してから、2番目に配置させます。この過程をn回反復するとソート（整列）が完了します。

呼んでみることです。このアルゴリズムは**線形探索**といいます。

　もちろん、アップ＆ダウンゲームで線形探索を利用する人はいないでしょう。ほとんどの人は、1から100の中央値である50を呼ぶはずです。そうすることで、最も効果的に範囲を狭めることができるからです。50を呼ぶと、相手が「アップ！」と言います。そうしたら51から100の中央値である75を呼ぶべきなんですよね。これと同じように残った区間の中央値を呼んで、区間を半分ずつ減らしていくと、とても効果的に数字の範囲を絞り込むことができます。このアルゴリズムを**二分探索**といいます。

　一般的に相手が思っている数字が1からnの間にあるというとき、線形探索を利用すると最悪の場合n回の試みの終わり頃に相手の数字を当てることができます。しかし、二分探索を利用すると、$\log_2 n$回の中に相手が思っている数字を把握することができます。ここでlog（ログ）は、以下のような意味です。

ログ

$2^x = n$のとき、$\log_2 n = x$である。

たとえば、$2^5 = 32$なので$\log_2 32 = 5$である。

　問題の大きさによってアルゴリズムを完了させるのにどれほど時間がかかるかを示すために、**時間計算量**という概念を使ってみようと思います。線形探索は、最悪の場合n回の試みが必要なので時間計算量を$O(n)$と表し、二分探索は、最悪の場合$\log_2 n$の試みが必要なので$O(\log n)$と表します。

ここで、僕たちはいいアルゴリズムを構成するのにとても重要な見る目を養うことができます。よいアルゴリズムは、線形探索のように問題の大きさを少しずつ小さくしていってはいけません。二分探索のように問題の大きさを束に減らして解決していかなければなりません。よいアルゴリズムは、演算に必要な時間を大幅に短縮することができるので、このようなアルゴリズムを探すことはコンピューター工学では非常に重要なトピックです。たとえば、演算を1回実行するのに1秒かかるコンピューターがあるとします。このコンピューターが、$n=100,000,000$回の演算を完了するためには約3年かかります。しかし、もしこの時間をログ時間に減らすことができたら、コンピューターは$\log n$の時間、つまり26.58秒で演算を終わらせることができます。ものすごい差ですよね。情報技術の速度が昔に比べてはるかに速くなったのは、ハードウエアの発展がありますが、アルゴリズムの発展もそれに劣らず重要な役割をしました。

　では、バブルソートと挿入ソートの時間計算量はどれくらいなのでしょうか？　先ほど見たようにバブルソートの場合、n冊を整理するために$(n-1)+(n-2)+\cdots+2+1$回の比較が必要でした。この加算方式は、奇抜なアイデアを利用して簡単に整理することができます。この式の最初の項である$n-1$と最後の項である1の和はnです。同様に2番目の項の$n-2$と最後から2番目の項の2の和もnです。このように項を2つずつ合わせていくと、和がnになる対が全部で$(n-1)/2$個できます。したがって、この式の値は、$n(n-1)/2$です。

$$\overbrace{(N-1) + (N-2) + \underbrace{(N-3) + \cdots + 3}_{N} + 2}_{N} + 1}^{N}$$

$$= \underbrace{N + N + \cdots + N}_{\frac{N-1}{2}\text{個}} = \frac{N(N-1)}{2}$$

　したがって、バブルソートと挿入ソートは、$\frac{1}{2}(n^2-n)$回に比例する回数の演算が必要で、2つのアルゴリズムの時間計算量は、$O\left(\frac{1}{2}(n^2-n)\right)$です。でも時間計算量を表すときは、一般的に最も速く増加する項のみを係数なしで表します。したがって、バブルソートと挿入ソートの時間計算量は、$O(n^2)$と書くのが一般的です。nが十分に大きい場合、nはn^2に比べて無視してもいいほど微々たるものだからです。

本を最も早く整列させる方法

　$O(n^2)$は、あまりにも遅すぎます。もっと速いアルゴリズムはないのでしょうか？　前に言及したように、よいアルゴリズムは問題の大きさを束ねて減らしていかなければなりません。二分探索の場合、中央値を基準として問題の大きさを半分に減らしました。このアイデアを本の整列に適用してみます。

11冊の本を例にしてみましょう。まず、本の山からなんでもいいので本を1つ選びます。最初の本にしましょうか？　この本を基準に、この本の番号よりも番号が小さい本は左に、大きい本は右に分けていきます。

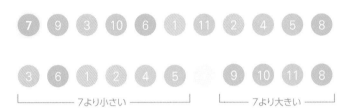

　7を基準に本を2つに分類して分けながら、僕たちは11冊の本を整列する問題を、6冊の本と4冊の本をそれぞれ整列する問題に分けました。そして7は、自分の場所を見つけました。整列の完了した本は、ぼやけて表します。
　今度は、左と右から同時に基準を選びます。左は左の基準の通りに、右は右の基準通りに本を整列させます。

　これで、3と9が自分の場所を見つけました。4つのグループがあ

るので、4つのグループからそれぞれ基準を選択すればいいのです。各基準に応じて左と右に分割すると…そんな！　もう整列が終わってしまいました！

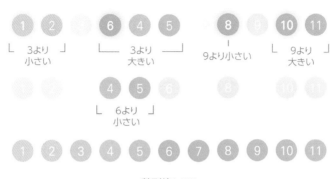

整列終わり！

　上記のように整列させるアルゴリズムを**クイックソート**（Quick Sort）といいます。例を見てわかるように、クイックソートはバブルソートや挿入ソートよりもかなり速いアルゴリズムです。なぜクイックソートがこんなに速いのかわかりますか？　バブルソートと挿入ソートの場合、各過程を重ねると本は1つずつしか整列されません。しかし、クイックソートの場合、最初は本が1冊だけ整列されますが、その次には2冊の本が、その次には4冊の本が一度に整列されます。このように整列できる本の数が指数的に増加するので、とても早く本を整列させることができます。

　クイックソートの時間計算量はどのくらいでしょうか？　クイックソートの各段階（基準になる本を決め、残りの本を基準に合わせて左右に配置さ

せる過程)では、n冊程度の本を基準値と比べなければなりません[2]から、各段階の時間計算量は$O(n)$です。クイックソートで整列された本の数は、各段階を経るごとに1冊、2冊、4冊、8冊…と、指数的に増加するので、すべての本の整列が完了するまで経る段階の数は$\log n$くらいだとわかります。したがって、クイックソートの時間計算量は$O(n\log n)$です。$O(n^2)$に比べるとかなり速いですよね！

　この事実を知ったティモは、クイックソートを利用して本の整列を始めて、3時間で本1,000冊をすべて整列させることができました。みなさんも、山積みになった文書や資料を整列させなければいけないときは、このクイックソートを使ってみてください。

P vs. NP問題

　クイックソート以外にも$O(n\log n)$の時間計算量をもつアルゴリズムは、マージソート、ヒープソートなどがあります。しかし、$O(n\log n)$よりも速いソートアルゴリズムは存在しません[3]。これは数学的に証明されている事実です。そういう点から本をコード番号順に整列させる問題は、アップ＆ダウンゲームよりももっと「難しい」問題

2　「程度」という表現を使うのは、クイックソートの段階を重ねるにつれて整列された値が少しずつ多くなるので、より小さい数の値を移動させてもよいからです。ただ、これを考慮して計算すると複雑なので、そのままn個の値を移動させるとしています。

3　厳密に言うと、値を比較する整列アルゴリズムの中で$O(n\log n)$よりも速いものはありません。値を比較しない整列アルゴリズムとしては計数ソートがありますが、このアルゴリズムの時間計算量は$O(n)$です。

だといえます。アップ&ダウンは $O(\log n)$ のみで解決することができますが、整列は $O(n \log n)$ の時間が必要になるからです。

　整列よりも難しい問題の代表的な例として、**セールスマン問題**があります。セールスマン問題は、費用k以下で n 個の支店をすべて訪問できるかどうかの問いです。あるセールスマンが、4つの家を訪問しようとします。しかし、セールスマンの車にはガソリンが少ししか入っていないので、慎重に経路を考えなければなりません。

　下図では、円は家を意味し、線は家と家の間の道路を意味し、数字は2つの家の間の距離を意味しています。セールスマンの車には、今35だけ運転できるガソリンが残っています。果たしてセールスマンは4つの家をすべて訪問することができるのでしょうか？

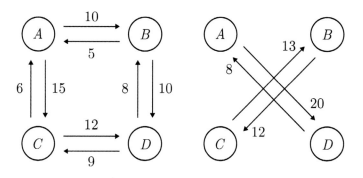

　最初に思いつくアルゴリズムは、単純にすべての経路をすべて試してみるものですよね。4つの家を訪問する順序の場合の数は、全部で4!で24です[4]。この経路を全部計算してみると、費用が35よ

4　感嘆符記号は**ファクトリアル**（factorial、階乗）と読みます。 $n!$ は1から n までかけた値を意味します。

りも小さい経路があるかないか確実にわかるでしょう。このアルゴリズムの時間計算量は$O(n!)$です！

$O(n!)$は、本当に非効率的な時間計算量です。nが少しだけ大きくなっても$n!$はかなり増加します。nが20のとき、演算1回に1秒かかるコンピューターがn回の演算を完了するためには20秒が必要で、$\log n$回の演算を完了させるためには約4秒が必要です。しかし、$n!$回の演算を完了させるためには、宇宙年齢の5.6倍に迫る時間が必要です。このような理由から、コンピューター科学では$O(n!)$の時間にかかるアルゴリズムはまったく実用性がないと見ています。

今、みなさんは僕がセールスマン問題を解決する奇抜なアルゴリズムを紹介すると期待しているでしょう。でも、うーん…そのようなアルゴリズムはまだありません！　これまでに明らかになっているセールスマン問題の唯一のアルゴリズムは、すべての経路を計算する方法だけです。動的プログラミングなどのテクニックを利用して時間を減らすことはできますが、セールスマン問題を効率的に解いていく奇抜なアルゴリズムは、まだ誰も見つけていません。本当に残念なことです。セールスマン問題は、現代にもかなり頻繁に登場しますから。

しかし、誰かがセールスマン問題の答えを出してくれたら、その答えが正しいかどうかを確認することは簡単です。たとえば、右図の経路は費用35以下で合っていますか？

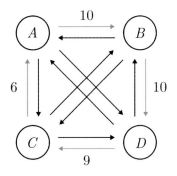

6+10+10+9＝35だから、そうですね！　この経路の費用は35以下です。誰かが出したセールスマン問題の答えが正しいのか確認するのは、n回の加算だけ必要なので時間計算量が$O(n)$です。

　このようにセールスマン問題の答えを求めることはとても難しいのですが、答えを確認するのは簡単です。このように答えの確認が簡単な問題を、数学者たちとコンピューター科学者たちは**NP問題**と呼んでいます。

> **NP問題（Nondeterministic Polynomial）**
>
> 与えられた答えが正しいか確認することが簡単な問題。
>
> セールスマン問題、数独、素因数分解などがある。

　一方、答えを求めるのが簡単な問題は**P問題**といいます。

> **P問題（Deterministic Polynomial）**
>
> 答えを求めるのが簡単な問題。
>
> かけ算、整列、アップ＆ダウンゲームなどがある。

「簡単」の基準は、答えを求めたり確認したりするまでに必要な時間が、多項式で表せるかどうかで決まります。答えを求めるまで$O(n)$、$O(n^2)$、$O(n^3)$などの時間がかかる問題は簡単な問題で、$O(2^n)$、$O(n!)$などの時間が必要な問題は難しい問題です。$O(\log n)$は多項式ではありませんが、$O(n)$よりも速いので簡単な問題と見なします。多項式が基準となるのは、多項式時間アルゴリズムは現代

のコンピューターが十分計算でき、そうでなくても技術の発展を少し待てば十分計算できるくらいのものです。しかし、指数時間やファクトリアル時間は技術の発展速度を上回るので、どんなに技術が発展しても実務に使用される可能性はとても低いです。

　もちろんNP問題よりも「難しい」問題も多いです。たとえば、$n \times n$のチェス盤でのチェスの不敗戦略を探す問題はNPでもありません。どんな戦略でも、それが本当に不敗戦略なのかを確認するためには、その戦略を相手に可能なすべてのゲームを試みるしかないからです。もちろん、多項式時間内に計算することはできません。

　すべてのP問題はNP問題です。答えを求めることも答えを確認することと見なされるからです。ところが、2002年に意外な結果が発表されました。与えられた数が素数であるかどうかを判別する問題は、長い間NPだと思われていました[5]。けれども、ニラジュ・カヤルとナイティン・サクセナというコンピューター科学者たちが、多項式時間内でこの問題を解くアルゴリズムを発見しました。そして、素数判定問題はNPからP問題になりました。

　長い間NPだとされていた素数判定問題がPだったら、ほかのNP問題もPにできないでしょうか？　もしかするとすべてのNP問題には速いアルゴリズムが存在するのに、僕たちがそれを探せていないだけかもしれません。これがまさに**P-NP問題**です。

5　「素数判定問題は与えられた数nを2から$n-1$までの数として分けたらいいので$O(n)$じゃない?」という疑問を抱いた方、素晴らしいです!　実際、時間計算量は本で説明しているものよりももっと複雑な概念です。ある数をコンピュータープログラムに入力するためには、2進数に変換しなければいけません。この過程で必要なビット（bit）の数がnの明確な意味です。この意味の通り計算したら、時間計算量は$O(2^{\frac{n}{2}})$です。

P-NP問題

すべてのNP問題はPに属するのか？　つまり、P=NPなのか？

P-NP問題を要約すると「答えを確認するのが簡単な問題は解くのも簡単か？」という内容です。第1部で言及したミレニアム問題を覚えていますか？　ミレニアム問題は7つで構成されていて、ポアンカレの予想を除いた残りの6つは未解決のままです。その1つがP-NP問題です。この問題も決して一筋縄ではいきません。

もしP=NPであることが判明すれば、この結果は数学だけではなく社会全体にも大きな影響を与えるでしょう。P=NPならば、タンパク質フォールディング（折り畳み）を分析する速い方法が存在するという意味です。これはかなりプラスなニュースです。タンパク質フォールディングを速く分析することは、癌の治療薬と密接な関連があるんです。逆に否定的な面もあります。現代の暗号システムは、素因数分解がPに属していないNPであることを利用します。つまり、素因数分解は答えを求めるのは難しいけれど、答えを確認するのは簡単です。暗号に使うのに最適なのです。しかし、P=NPならば、現代の暗号をすべてひょいひょい突き破ってしまうかもしれない、素晴らしいアルゴリズムが存在するという意味です。全世界の保安業者が非常事態になりそうなほどのニュースでしょ。

ほとんどの専門家たち（約83%）は、P≠NPだと思っています。しかし、人類の信頼が破られることって本当に多いですよね？　まだP≠NPだと確実に断定する根拠はありません。もしかしたら、本当にP=NPかもしれないわけです！

人の餅が小さく見えるように分配する

　ティモは、クイックソートを利用して 1,000 冊の本を整列させることに成功しましたが、図書館の本棚は、それほど大きくありませんでした。いくら本棚にぎゅうぎゅう詰めで入れても 100 冊くらいの本は、どうやっても入りそうにありませんでした。悩んだティモは、友だちであるディメンとエリを呼んで、2 人で 100 冊の本を分けて持って帰ってほしいと言いました。

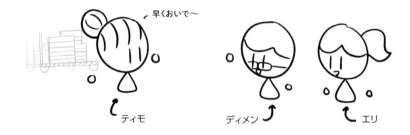

早くおいで〜

ティモ　　ディメン　　エリ

　ディメンとエリは 2 人ともかなりの読書家なので、今回のこの共有イベントで、自分が相手よりも少しでも損をしないようにしようと思います。ここで言う「損」とは、単純に相手よりも少ない数の本を持っていくという意味ではありません。自分がもっと多くの数の本を持っていったとしても、相手がもっとおもしろくて有益な本をたくさん持っていったなら損になるのです。逆に、自分がもっと少ない本を持っていっても、相手に比べて本の質がはるかによいならば損をしたわけではありません。ここで言う「損」は、かなり主観的な基準です。ならば、どのような方法で 100 冊の本を分けれ

ば、ディメンもエリも自分の分け前に満足できるのでしょうか？

> **2人分割問題**
> 100冊の本があるとき、2人がそれぞれ自分の分け前に満足でき
> る分割アルゴリズムを提示しなさい。

　最も簡単で効果的なのは次の通りです。先にディメンが100冊の
本を2つの束に分けます。その後、エリが2つの束のうちの1つを
持っていき、ディメンはエリが選んでない残りの1つの束を持って
いきます。この方法で本を分けて持っていくなら、ディメンは自分
がどんな束を持っていくことになるかわからないので、どちらを持
っていっても気に入るように本を分配するでしょう。エリの立場か
らすると、たとえ自分が作った束でないにしても、自分から見て
2つの束のうちもっといい束を先に選ぶことができるので損とは思
いません。したがって、このようなアルゴリズムで本を分配する
と、2人とも自分の分け前に満足することができます。

　すべての人が自分の分け前に満足できるように商品を分配するア
ルゴリズムを、**エンビーフリー**（envy-free）**アルゴリズム**といいます。
envyは英語でうらやましさ、嫉妬を意味します。Envy-freeはうらや
ましさや嫉妬のない、言うならば、みんなが相手の分け前をうらや
ましく思わずに自分の分け前に満足できるという意味です。エンビ
ーフリーアルゴリズムは「他人の餅がもっと大きく見える」状況を
なくすアルゴリズムです。

　しかし、ディメンとエリが本を分けて持っていくのをじっと見て

いたティモが、1,000冊の本を整列させるのに苦労した自分も本を持っていきたいという思いに変わってしまいました。これからディメン、エリ、そしてティモの3人で本を分配しなければならなくなりました。多少明らかだった2人のエンビーフリーアルゴリズムに比べて、3人のエンビーフリーアルゴリズムは考えにくいです。3人のエンビーフリーアルゴリズムは、1960年に発見されました。数学の長い歴史を考えると、最近になって解かれた問題だと言えます。僕たちが見る3人のエンビーフリーアルゴリズムは、**セルフリッジ-コンウェイ法**です。

　セルフリッジ-コンウェイ法の手順は、次の通りです。まずディメンは、さっきと同じように自分が考えたときに各束の価値が等しくなるように本を3つの束A、B、Cに分けます。ディメンはこれら

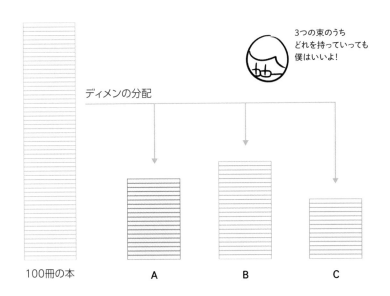

3つの束のうち
どれを持っていっても
僕はいいよ!

ディメンの分配

100冊の本　　　A　　　B　　　C

のどれを持っていったとしても満足するはずです。

　でも、ティモから見て、3つの束の価値は同じではありませんでした。たとえば、ティモが思うにAの束が最もよく、Bの束が2番目によいなら、Aの束の価値がBの束の価値と同じになるまでAの束から本を取り除きます。取り除いた本はいったん片隅に置いておき、残りの本をA'束だとします。

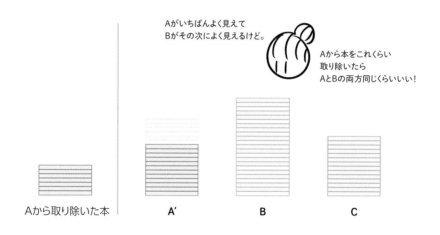

Aがいちばんよく見えて
Bがその次によく見えるけど。

Aから本をこれくらい
取り除いたら
AとBの両方同じくらいいい!

Aから取り除いた本　　　　A'　　　　　B　　　　　C

　次はエリの番です。エリは3つの束A'、B、Cの中で自分にいちばんよさそうな束を持っていきます。エリがどんな本を持っていくかによって、残りの2人の友だちが持っていく分け前が決まります。もしエリがBかCを持っていった場合、ティモはA'を持っていき、ディメンは残りの1つの束を持っていきます。エリがA'をとった場合、ティモはBをとり、ディメンはCをとります。

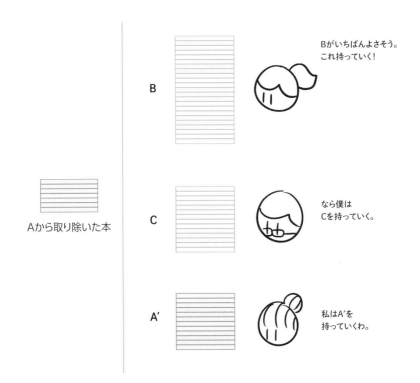

B　Bがいちばんよさそう。これ持っていく！

Aから取り除いた本

C　なら僕はCを持っていく。

A'　私はA'を持っていくわ。

　では、隅に置いておいた本を分配しなければなりませんよね。まず、エリが自分が考える各束の価値が同等になるように残っている本を3つの束に分けます。するとティモは、3つの束のうち自分がいちばんいいと思えるものを持っていきます。次にディメンが残った2つの束のうちの1つを持っていき、エリが最後に残った束を持っていきます。これでセルフリッジ-コンウェイ分配法が終わりました！

　セルフリッジ-コンウェイ分配の手順がなぜエンビーフリーなのかを確認するために、それぞれの友だちの立場で考えてみます。まずディメンは、最初に自分が受け取った分け前が全体の本の価値の

ぴったり1/3だと考えました。実は、この束だけ持って家に帰っても満足するでしょうが、そこに何冊か追加でもらったんですから嬉しいですよね！　したがって、ディメンは残りの2人の分け前をうらやましいと思うことはありません。

　では、ティモの立場から見てみましょう。ティモは最初に分配された過程で自分がいちばんよいと判断した2つの束のうちの1つを受け取りました。2番目の分配の過程では、まず自分の気に入った束を選ぶこともできました。なのでティモは、両方の分配過程すべてにおいて、自分がいちばん好きな束を選んだので、残りの2人の本をうらやましがることはありません。

　最後にエリです。エリは最初の分配の過程でいちばん先に自分の気に入った束を選びました。2番目の分配過程ではどの束を持っていっても自分が気に入るよう本を直接分けました。2番目の分配の過程では、受け取った自分の束に対しても満足しています。だから、エリもやはり残りの2人の束をうらやましいとは思いません。

　セルフリッジ-コンウェイ分配のやり方を通して、3人の友人はそれぞれ自分の分け前に最も満足して家に帰りました。明確なアルゴリズムなしに適当に分配してみたら、3人の友人が互いの本がもっといい、違うなどと言い争いが起こりやすいです。ですが、妥当性を検証できるアルゴリズムに従って分配すれば、みんなが自分の分け前に満足することができるのです。いいアルゴリズムは時間を節約するだけではなく、社会構成員全体の満足度も高めることができるんです。

人生はゲームで、
ゲームは数学だ

スターバックスの横にはコーヒービーンがあるよね

　久しぶりに旅行に出かけたディメンは、運転に疲れたのでコーヒーを飲もうと思いました。しかし、周囲を見回してもカフェが見当たりません。きょろきょろしながら先に進むと、あんなに見えなかったはずのカフェがいきなり集中しています。スターバックス、コーヒービーン、トゥーサムプレイス、イディヤ……ありとあらゆるカフェが1か所に集まっています。一応、カフェを探せてよかったと胸をなでおろしましたが、ディメンはここで不満を抱きました。町中に均一にカフェを配置してくれたら、消費者はカフェを探しやすくなるし、業者も競争を避けることができるはずなのに、と。

　1か所に集中するのが好きな業種はカフェだけではありません。食堂、病院、不動産、ホテルなど、業者は互いに均一に広がるよりも、1か所に集まることを好みます。一体なぜなのでしょうか？

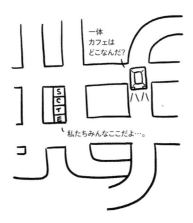

この質問に対する答えを探すために、ある空想の村を想像してみましょう。この村には、8人の消費者が一直線の道路上に均等に離れて住んでいます。

もしディメンがこの村でたい焼き屋を始めようとしたら、どこに店を出せばよいでしょうか？　当然8人の消費者と最も近くにある真ん中の場所がいいです。ディメンが真ん中に店を構え、たい焼きを熱心に売り始めました。この状態は、たった1つの業者がみんなに商品を販売する寡占状態です。

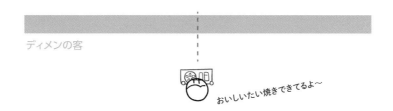

ところが、次の日ティモが来て、自分もたい焼きを売ると言い出しました。なので2人は村を半分に分けた後、それぞれの真ん中で

たい焼きを売り始めました。この状態は、消費者と業者、両方にとって最高の効率をもたらす**社会的最適状態**です。消費者は、最小限の距離を移動してたい焼きを食べることができ、業者は安定的に半分の客を確保できるからです。

　この状態は社会的には最適ですが、業者にとってはそうではありません。もしディメンが少しでも真ん中に店を移動したら、ディメンはティモの客の一部を奪うことができるからです。欲張りなディメンは、少しだけなら店を移動させてもティモは気づかないと思い、自分の店を少し真ん中に移動させます。**消極的競争**の始まりです。

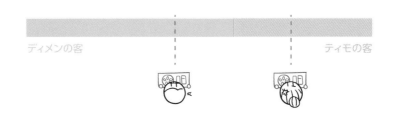

　しかし、鋭いティモはディメンが約束を破ったことにすぐ気づきました。次の日、怒ったティモはわざとらしくディメンのすぐ右に店を移動します。ディメンのすぐ右に店を移動させたら、彼の客を

いちばん多く奪えるからです。

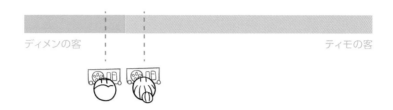

　ディメンは、ティモの予期せぬ強い反発に慌てふためきました。これからディメンはどうすればいいのでしょうか？　個人主義に基づいたとき、ディメンに最良の解決策は、以下のようにティモのすぐ右に店を移動することです。

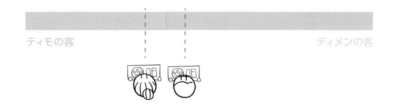

　同じようにティモもディメンの右に店を移動します。すると、またディメンはティモの右に移動します。2人の間に**積極的競争**が激しく展開されます。このように積極的競争が繰り返されると、状況は両者が真ん中でたい焼きを売っている状態になります。

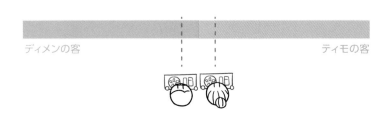

ディメンの客　　　　　　　　　　　　　　　　　　ティモの客

　このような状態になると、両者はこれ以上店を移動しません。どのように移動したとしても、客を失ってしまうからです。ディメンが左に移動すると中央のお客さんを失い、ティモの右に移動するとティモよりも客が少なくなります。ティモの場合も同じです。このように、各ライバルが自分の利益のためにそれ以上の行為をとることができない状態を**ナッシュ均衡**（きんこう）と呼びます。

ナッシュ均衡

各プレイヤーが自分の利益のためにそれ以上とることができる戦略がない状態。

　このように同じ業種の店がナッシュ均衡に入り、1か所に集まる現象を**ホテリングの法則**といいます。

囚人のジレンマとタバコ会社

　ホテリングの法則は、**ゲーム理論**の例の1つです。ゲーム理論とは、利害関係が絡みあっているシステムがどのような状況で入るの

か予測する数学の分野です。ゲーム理論での「ゲーム」とは、複数の個人が自分の利益のためにある戦略をとることのできるすべての状況を指す表現です。じゃんけん、ポーカー、店どうしの位置決め争い、大統領選挙など、この理論で扱うゲームの範囲には限りがありません。おかげでゲーム理論は、経済学、社会学、生物学など多くの学問で使われています。

　ゲーム理論の最も有名な例は、**囚人のジレンマ**です。囚人のジレンマは、もともとゲーム理論から始まった概念ですが、テレビ番組や小説など、あらゆる媒体で素材として使われたおかげで広く知れ渡りました。囚人のジレンマは、だいたいこのような話で展開されます。

　アルセーヌとルパンが、盗まれたネックレスの事件の容疑者として逮捕され、互いに隔離された部屋で取り調べを受けています。警察はアルセーヌとルパンに提案をします。

- 2人とも自白をしないなら、2人とも懲役1年。
- 2人のうち1人だけ自白をするなら、自白した人は釈放、自白しない人は懲役5年。
- 2人とも自白をしたら2人とも懲役3年。

　上のようなゲームで最適な戦略は、2人とも黙秘して1年の刑のみ受けることです。次ページの表で青色で示されている状態です。しかしこの状態は、ナッシュ均衡ではありません。ナッシュ均衡とは、すべてのプレーヤー（この例ではプレーヤーは囚人を指します）が、自

	アルセーヌ黙秘	アルセーヌ自白
ルパン黙秘	2人とも1年の刑	アルセーヌ：釈放 ルパン：5年の刑
ルパン自白	アルセーヌ：5年の刑 ルパン：釈放	2人とも3年の刑

分の利益のためにこれ以上戦略を変えることができない状態です。しかし、アルセーヌが自白をしたら、自分の刑を軽くすることができます。アルセーヌが自白する戦略をとったとき、ゲームの結果は、以下のように右に動きます。

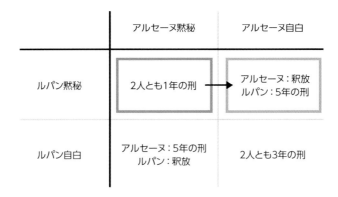

	アルセーヌ黙秘	アルセーヌ自白
ルパン黙秘	2人とも1年の刑 →	アルセーヌ：釈放 ルパン：5年の刑
ルパン自白	アルセーヌ：5年の刑 ルパン：釈放	2人とも3年の刑

しかし、黄色の状態もやはりナッシュ均衡ではありません。今回は、ルパンが戦略を自白に変えることで自分の刑を5年から3年に

減らすことができます。ルパンも自白する戦略を選べば、ゲームの結果は下に動きます。反対の場合も同様に入れたら、囚人のジレンマゲームがどのように進行するか一目でわかります。

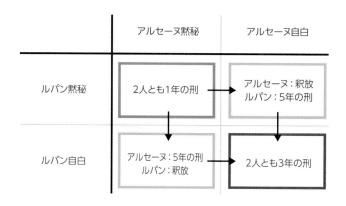

したがって、ナッシュ均衡は2人とも3年の刑を受けることに帰結します。2人とも1年の刑を受けるという、もっといい選択肢があるにもかかわらずです。このようにゲームを分析する方式を利得<ruby>行列<rt>ぎょうれつ</rt></ruby>（Pay-off Matrix）と呼びます。

囚人のジレンマは、現実にもしばしば現れます。1971年、アメリカ政府は国民の健康を増進させるために、テレビとラジオでのタバコの広告を禁止しました。しかし、政策の結果は予想外でした。広告を禁止するやいなや、むしろ4大タバコ会社の収益が上がったのです。

この謎の現象の背後には、囚人のジレンマが隠れていました。最初に注目すべき点は、タバコ消費者のほとんどが浮動層だったという事実です。広告をしようがしまいが、喫煙者たちはタバコを買い

続けます。会社が広告をする目的は、非喫煙者を喫煙者にさせるためだとか、喫煙者がずっとタバコを買い続けられるように誘導するためではありません。喫煙者が自社のタバコを買うように誘導するのが主な目的です。この事実を念頭に置くと、2つのタバコ会社A社とB社の競争は、次のようにモデリングできます。

- 両社が広告を出すなら、両社とも40億ドルずつ利益を得る。
- 両社が広告を出さなければ、広告への支出はないが、依然として同様の数の喫煙者がタバコを買うので、両社とも50億ドルずつ利益を得る。
- A社のみが広告を出し、B社が広告を出さなければ、A社がB社の顧客を奪うため、A社は60億ドルの利益を得て、B社は15億ドルの利益のみを得る。
- B社のみ広告を出してA社は広告を出さないときも同じようなことが起きる。

このような状況は、利得行列として定理することができます。

	A社が広告を 出さない	A社が広告を 出す
B社が広告を 出さない	両社とも50億 （社会的最適）	A社：60億 B社：15億
B社が広告を 出す	A社：15億 B社：60億	両社とも40億 （ナッシュ均衡）

　囚人のジレンマと状況が同じですね。社会的最適状態は両社とも広告を出さないことですが、ナッシュ均衡は両社とも広告を出す側に形成されます。自然的な競争状態では、広告が幅を利かす社会になりますが、政府が人為的に広告を禁止すると皮肉なことに競争は社会的最適状態になります。これが1971年アメリカのたばこ広告禁止政策以後、タバコ会社の収益が上がった理由の1つです。

角砂糖を探しにいったマカロンと大福

　これまで扱った囚人のジレンマは、プレーヤーの数を2人に制限しています。しかし、プレーヤーの数が増えると、囚人のジレンマはもっとおもしろい側面を見せるようになります。**マカロン-大福ゲーム**は多数のプレーヤーが進行する囚人のジレンマのいい例です。もともとこのゲームの名前は**タカハトゲーム**です。今回

の内容は、ユーチューバーのPrimerの「Simulating the Evolution of Aggression（出典：https://youtu.be/ YNMkADpvO4w）」という動画の例を利用して構成しました。

　昔々、ダンダン島に穏やかな性格の大福が住んでいました。この島には毎朝甘い角砂糖が一定個数落ちてきます。

　角砂糖が落ちてくると、大福たちは角砂糖を探しに散らばり、角砂糖を見つけて食べた大福は、お腹がいっぱいになって家に帰った後、2つに繁殖します。しかし、太陽が沈むまでに角砂糖を見つけられなかった大福は死んでしまいます。また、1つの角砂糖を2個の大福が同時に発見した場合、平和を愛する大福たちは角砂糖を半分に分けます。角砂糖を半分だけ食べた大福は、繁殖はできませんが次の日まで生存することができます。

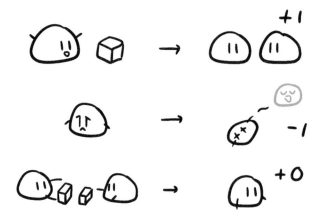

　この島に大福だけが住み、十分な量の角砂糖が落ちてくるなら、大福は少しずつ増えます。そして、日々落ちてくる角砂糖の数よりも大福が多くなれば、増加は止まります。コンピューターシミュレーションを通して見ると、大福の個体数は以下のように変化します。

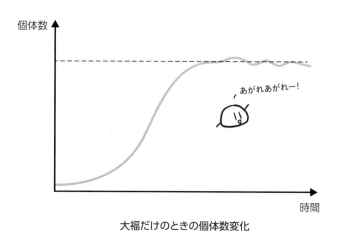

大福だけのときの個体数変化

そんなある日、平和だったダンダン島にマカロンという外来種が流入しました。マカロンは暴悪な性格の持ち主です。マカロンも大福のように角砂糖を食べると翌日2つに繁殖し、1つも食べられないと死んでしまいます。

もしマカロンが大福と同時に角砂糖を発見したら、マカロンは大福の提案通り角砂糖を半分ずつ分けますが、素早く自分の分け前を食べた後、大福が食べられなかった角砂糖まで奪って食べます。この場合、マカロンは角砂糖の3/4のかけらを食べたので、わずか50パーセントの確率で繁殖に成功します。一方、1/4のかけらを食べた大福は次の日生存する確率がマカロンと同じ50パーセントです。

しかし、もし2つのマカロンが同時に角砂糖を発見したら、互いに激しく争うことになります。激しい争いの末、2つのマカロンは結局半分ずつ角砂糖を持っていくことになりますが、争うことで角砂糖の半分ほどのエネルギーを使ってしまったせいで、2つのマカロンは角砂糖を1つも食べることができなかったのと同じなので、結局死んでしまいます。

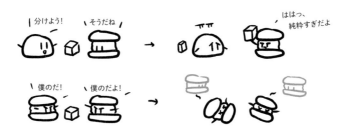

大福とマカロンの角砂糖争奪戦は、僕たちが囚人のジレンマで確認したように利得行列で表すことができます。

	大福	マカロン
大福	2つとも1/2	大福：1/4 マカロン：3/4
マカロン	大福：1/4 マカロン：3/4	2つとも0

　上のゲームで最適な戦略はなんでしょうか？ もし相手が大福なら
マカロンと同じ行動をするのが有利です。反対に相手がマカロンな
らば、大福と同じ行動をとるのが有利です。つまり、相手の戦略の
反対を選ぶのが最適な戦略です。角砂糖を同時に発見した大福とマ
カロンどちらも自分の戦略を変えることでより大きな利益を得られ
ないので、ナッシュ均衡は次で赤色に示されているマスになります。

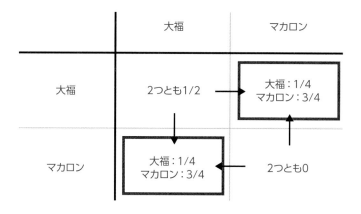

そのせいで、大福とマカロンの個体数は、少数派が多数派よりも速く増加する様相を呈しています。大福だけが暮らしていた状況のシミュレーションでマカロン1つを流入させると、マカロンの数が急増して大福の数が急減するのがわかります。平衡は、2つの種族の数がほぼ同じときに形成されます。

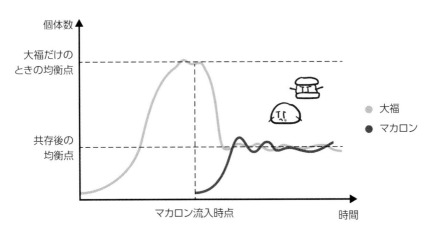

大福だけがいる状況で、マカロンが流入したときの個体数変化

　マカロンと大福が共存するとき、2つの種族の個体数は大福だけの場合の個体数に及びません。マカロンの戦略が破壊的で、個体全体の繁殖に悪影響を与えるからです。これは、島にマカロンだけが住んでいるときと大福だけが住んでいるときを比較してみたら、より鮮明に現れます。マカロンだけのときの個体数は、大福だけのときの個体数の1/3程度にしかなりません。

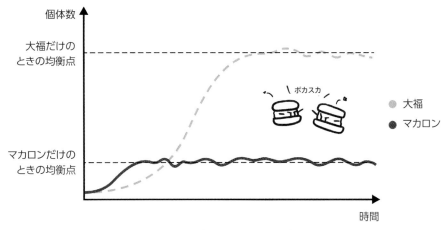

マカロンだけのときの個体数変化

　大福だけが住んでいた島にマカロンが流入すると、全体の個体数は減少しますが、マカロンだけが住んでいた島に大福が流入すると、全体の個体数は増加します。流入初期に大福たちは、多数のマカロンを相手に有利な戦略をもっているので、個体数が急速に増加します。少しずつ多くなる大福の数は、マカロンの繁殖にも肯定的な影響を与えるので、2つの種族とも増加する様相が現れます。

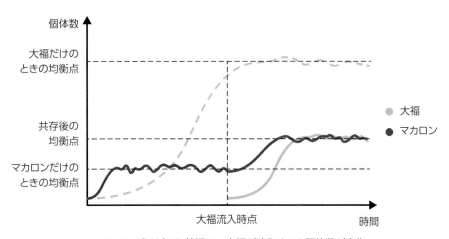

マカロンだけがいた状況で、大福が流入すると個体数が変化

マカロンと大福が共存するとき、2つの個体数が似てくる理由は利得行列分析を通じてわかります。均衡点に達したときマカロンの比率をm、大福の比率をcだとします$(m+c=1)$。マカロンと大福の比率が均衡に達したということは、マカロンと大福の両方がゲームで特別な利点を享受しないという意味です[6]。これはマカロンの戦略と大福の戦略の期待値が同じという意味でもあります。

　まず、マカロンの戦略の期待値を求めてみます。マカロンはmの確率で異なるマカロンに出会い、0の利益を得、cの確率で大福に出会うと3/4の利益を得ます。つまり、マカロンの期待値は次の通りです。

$$\mathrm{E}_m = \frac{3}{4}c$$

　反面、大福はmの確率でマカロンに出会って1/4の利益を得、cの確率で異なる大福に出会い1/2の利益を得ます。つまり、大福の期待値は次の通りです。

$$\mathrm{E}_c = \frac{1}{4}m + \frac{1}{2}c$$

　均衡は2つの期待値が同じときに成り立ちます。方程式を解いてみると、均衡は$m=c=1/2$のとき成り立つことがわかります。

6　もし片方が有利ならば、有利なほうの個体数が増加するので均衡点ではありません。

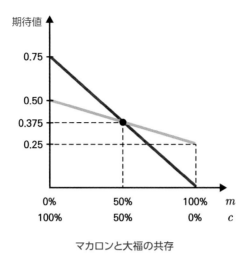

マカロンと大福の共存

　しかし、ゲームの規則が変われば話も変わります。たとえば、も
しマカロンとマカロンの間の争いがそこまで激しくなく、それぞれ
3/8ピースくらいのエネルギーを得たまま家に帰るならば、ゲーム
の利得行列は、以下の通りです。

	大福	マカロン
大福	2つとも1/2	大福：1/4 マカロン：3/4
マカロン	大福：1/4 マカロン：3/4	2つとも3/8

このとき、マカロンの期待値は$E_m=3/8m+3/4c$で、大福の期待値は$E_c=1/4m+1/2c$です。均衡が成り立つためには、E_mとE_cが同じでなければならないのに、この方程式は、$0<m$、$c<1$の条件では解をもちません。グラフを描いてみると、常にマカロンの期待値が大福の期待値よりも大きいことがわかります。この場合には、マカロンが大福を押さえつけ、島を独占することになります。

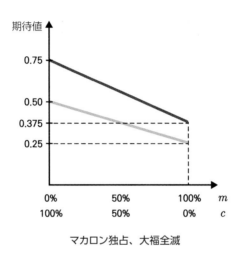

マカロン独占、大福全滅

　国際関係では、マカロン–大福ゲームは強硬政策と平和政策の間の対立として現れます。どちらも常により有利な戦略はありません。利得行列の具体的な値と現在の各政策を選んだ国家の数によっては、強硬政策がもっと有利かもしれませんし、平和政策がもっと有利かもしれません。そのため歴史を見ると、平和外交や受け入れ政策などの宥和政策を広げた国が復興したり、征服外交と圧迫政策などの強硬政策を広げた国が復興したりしたのでしょう。

道路をもっと建設したのに交通渋滞がひどくなる?

　多数のプレーヤーが参加するゲームの別の例は、交通渋滞です。交通渋滞とマカロン‐大福ゲームは似ている面が多いです。マカロン‐大福ゲームで最適の戦略は、少数派の戦略を選ぶということです。交通渋滞も同じで、最適の戦略は交通量が少なく、交通渋滞が少ない道路を利用することです。しかし、交通はマカロン‐大福ゲームよりも選択できる戦略(どの道路を利用するか)が多いので、さらに複雑な面があります。だから、時々交通状況が僕たちの期待とはずれた方向に形成されることもあります。**ブライスのパラドックス**がこのような状況の代表的な例です。ブライスのパラドックスは、交通渋滞を解消するために道路をさらに造ったけれど、交通渋滞がひどくなる状況をいいます。

　ある都市で、毎日合計4,000台の車がAからBに移動するとします。AからBに行く道は2つあります。1つはPを、もう1つはQを通っていくことです。合計4,000台のうちx台の車は、P側の道路を、y台の車はQ側の道路を通るとします。道路に車が多いほど、その道路を通過するのにかかる時間は長くなります。この状況を考慮するため、AからPに行く道路は通過するのに$x/100$分が、QからBに行く道路は$y/100$分かかるとします。残りの道路は車線が十分にあり、車両数とは関係なく45分で到着することができます。

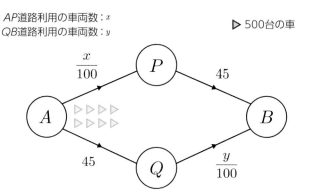

AP道路利用の車両数：x
QB道路利用の車両数：y

▷ 500台の車

$\frac{x}{100}$ P   45

A   B

45   Q $\frac{y}{100}$

　均衡は、上図のようにどの道路を利用しようが到着時間に差が
ないときに形成されます。たとえば、あるとき2,500台の車(x)がP
側の道路を、1,500台の車(y)がQ側の道路を利用していたと仮定し
てみましょう。そうすると、P側の経路は70分かかり、Q側の経路
は60分かかります。Q側の経路が速いのでカーナビは、P側の経路
ではなくQ側の経路を案内します。そうするとQ側に人がたくさん
集まって、またP側に案内します。この過程が繰り返されてPとQ
に同じ数の車両が通るようになると、均衡が成立します。均衡は、
$x=y=2,000$のとき成り立ち、このとき、すべての車両は65分で目
的地に到着できます。

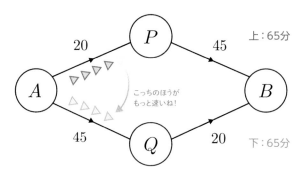

20   P   45   上：65分

A   こっちのほうが
もっと速いね！   B

45   Q   20   下：65分

そしてある日、政府がPからQに向かう一方通行道路を建設しました。現実的には不可能ですが、この道路を通過するのに必要な時間を0分と仮定します。

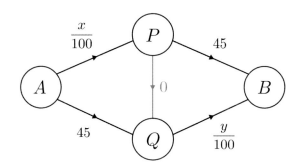

　人々は、道路が増えたことで交通状況がもっと快適になるだろうと期待します。実際に、最初の数週間はたった40分でBに到着することができました。しかし時間が経つにつれ、新しく建設された道路の問題点が浮き彫りになりました。今では、カーナビの案内に従って運転すると、AからBまで行くのに80分かかります。

　この謎めいた現象を理解するために、新しい道路が建設されたばかりの時点に戻ります。新しい道路が建設されたばかりの最速のルートは、次ページの図で青色に示されている経路です。青い経路は、たった40分しかかかりません。65分かかる赤い経路を通っていたドライバーたちは、当然の如く青い経路を利用するようになります。

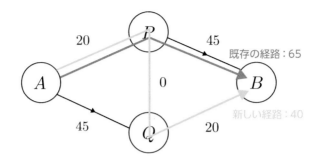

既存の経路：65

新しい経路：40

　赤い経路は少しずつ淘汰されていきます。同様に、黄色の経路の利用者も少しずつ青い経路を利用するようになります。青色の経路の車両数が2,500台。黄色の経路の車両数が1,500台のときの交通状況を図に示すと下図のようになります。

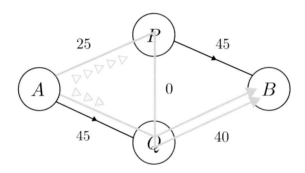

　青い経路の利用者が多くなったので、QB道路に車両が以前よりもずっと多く集まっています。今では黄色の経路はなんと85分もかかります。新しい道路を造る前に比べてかなり遅くなりました。一方、青色の経路は65分かかります。新しい道路を建設する前にも65分で到着することができたので、状況がよくなったわけではありません。しかし状況はずっと悪くなります。黄色の経路の利用

者も青色の経路に乗り換えるようになり、青色の経路はさらに遅くなってしまいます。

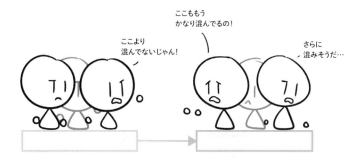

　結局、ナッシュ均衡は、すべてが青色の経路を利用したときに成り立ちます。今ではAからBに行くのに、なんと80分もかかってしまいます。

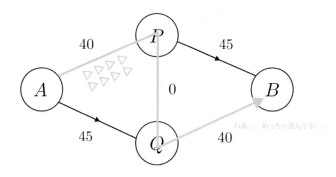

　この状況を打破する唯一の方法は、ドライバーすべてがPQ道路を使わないと約束することです。すると、間もなく65分以内に到着する利便性を享受できるんです。しかし、この約束を守るのはとても難しいです。みんながPQ道路を使うと交通渋滞はひどくなり

ますが、自分1人だけ*PQ*道路を使えば、交通システムに打撃を与えずにほかの人よりもはるかに早く到着することができます。あまりにも甘い誘惑です。メンバー全員が*PQ*道路を使わないと約束しても、誰かが*PQ*道路をこっそり使い、「え？　あいつ*PQ*道路使ってるよね？　なら、僕も使おう」のような考えで、みんなが*PQ*道路を使うようになります。するとまた80分の沼にはまるようになるのです。

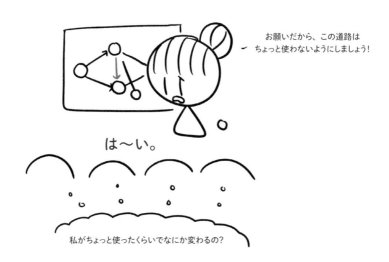

お願いだから、この道路はちょっと使わないようにしましょう!

は〜い。

私がちょっと使ったくらいでなにか変わるの?

見つけることはできないけれど存在するものたち

　これまで店の位置選び競争、囚人のジレンマ、そして交通渋滞までの計3つのゲームを学びました。これらはすべてナッシュ均衡をもっています。しかし、ナッシュ均衡をもっているゲームはこれよりもはるかに多いです。数学者ジョン・ナッシュ (John Nash、ナッシュ均衡のナッシュです) は、すべての有限ゲームにナッシュ均衡が存在することを証明しました。

> **ナッシュ均衡**
> 有限ゲームには常にナッシュ均衡が存在する。

　ここで**有限ゲーム**とは、プレーヤーが選べる戦略の数が有限個であり、いつか終わるという保証があるゲームのことです。たとえば、最も大きな自然数を呼ぶ人が勝つゲームは有限ゲームではありません。プレーヤーが選べる戦略 (呼べる自然数) が無限に多いからです。もう1つの例を挙げると、より長い間椅子にすわっている人が勝つゲームも有限ゲームではありません。プレーヤーが無限の時間の間すわっていると覚悟さえ決めれば、永遠に終わりがないからです。これらの極端な例を除くほとんどのゲームは、有限ゲームに該当します。ですから、ナッシュ均衡はほんとうに驚くべきものです。ナッシュ定理は、チェス[7]、囲碁、ポーカーなどほとんどすべ

7　チェスは、50手ルール (双方50手の間に駒の交換やポーンの前進がない場合、引き分けを宣言できる) があるので有限ゲームです。

てのゲームにナッシュ均衡が存在するという意味です。

　しかし、ナッシュ均衡が必勝戦略を意味するわけではありません。たとえば、じゃんけんのナッシュ均衡戦略は、パー、グー、チョキを出す確率をすべて同一にするということです。もし、いずれか1つの手を出す確率が残りの確率よりも高いなら、相手が自分の戦略に対して情報を十分に収集していて自分に有利になるようにゲームをリードしていけるからです。しかし、僕がパー、グー、チョキを出す確率をすべて同一に合わせようとしても、ゲームで勝てるという保証はありません。

　じゃんけんのようにナッシュ均衡戦略が存在しても、必勝を意味しないもう1つの例としてポーカーゲームがあります。ポーカーは、すべてのプレーヤーが有限の財産を持っていて、決まった時間だけポーカーをすることに合意したという仮定下での、有限ゲームです[8]。したがって、ナッシュ定理によってポーカーは、ナッシュ均衡をもっています。つまり、両プレーヤーに与えられた戦略と異なる決定をした場合、損をする確率が高いということです。しかし、ポーカーはじゃんけんと同様に確率型ゲームなので、ナッシュ均衡戦略に完全に従っても勝利するという保証はありません。

　ならば、確率型ではないゲームはどうでしょうか？　ゲームに確率的要素が1つもないためには、すべての情報が公開されなければなりません。確率に依存していないゲームの例としては、チェス、

---

[8]　もしあるプレーヤーが無限の財産を持っているとすると、ポーカーは無限財産を持っている側に圧倒的に有利なゲームであることが数学的に証明されています。カジノが絶対につぶれない理由です。

囲碁、オセロなどがあります。これらのゲームについては、**ツェルメロ**(エルンスト・ツェルメロ)**定理**が成立します。

> ### ツェルメロ定理
> すべての情報が公開された2人ゲームでは、どちらか1人のプレーヤーが必ず不敗戦略をもつ[9]。

　ここで「すべての情報が公開された」という言葉の意味は、ゲーム中はいかなる情報も隠してはならないという意味です。たとえば、ワンカードゲームが必勝戦略をもつためには、両プレーヤーが相手の札に対する情報とカードの束がどんな順序で混ざっているかをすべて知っておかなくてはなりません。一般的なワンカードゲームに必勝戦略があると思い、期待した読者の方には、ちょっと申し訳ない話ですね。しかし、逆に見たら、相手の札とカードの束が混ざっている順序を知りさえすれば、誰かが先攻もしくは後攻を適切に選び、ワンカードゲームで常に勝利をすることができます(もちろんかなり賢かったら、の話です)。

　ナッシュ定理とツェルメロ定理は、2つともかなり多くのゲームで適用される強力な定理です。この2つの定理はどのように証明することができますか？　不思議なことに、ナッシュ定理の証明は、僕たちが第3部で扱ったブラウワーの不動点定理を使います。ゲー

9　ゲームで引き分けが可能なら、不敗戦略は無条件に勝ったり、引き分けたりする戦略を意味します。もし引き分けが可能でないならば、不敗戦略は必勝戦略を意味します。

ムの戦略を適切に点で表し、どのような変換（「利得」関数で構成された変換）にも不動点（ナッシュ均衡）が存在するというアイデアを使います。詳しい数学的な扱いは、この本の水準を超えてしまうので省略しますが、ツェルメロ定理の証明はここで説明することができるくらい簡単です。

　2人のプレーヤーAとBがツェルメロ定理の条件を満たすゲームをするとします。可能な2つの状況は、Aが不敗戦略をもっているかもっていないかです。しかし、前者の場合ならばツェルメロ定理がすぐに証明されたので、後者の場合にのみ集中すればいいのです。Aに不敗戦略がないということは、Aがどんなに賢くゲームを解いていっても、BがAの勝利を防ぐことができるという意味です。これをBの立場から見ると、BはAが勝てないようにする、言い換えると、自分が負けない不敗戦略をもっているという意味です。これにより、ツェルメロ定理が証明されました。

　しかし、ツェルメロ定理は、不敗戦略があるという事実を知らせるだけで、その戦略をどのように探すかについては説明されていません。これはナッシュ定理も同じです。ナッシュ定理とツェルメロ定理によると、チェスにはナッシュ均衡が存在するだけでなく、黒または白の片方が必ず勝利するか、少なくとも引き分けになる戦略も存在します。しかし、チェスのナッシュ均衡や必勝戦略はとても複雑なので、人間が計算できる水準ではありません。僕たちは、チェスの不敗戦略が黒側にあるのか、白側にあるのかさえわからず、多分この宇宙が終わるまでわからない確率が高いです。チェスゲームの可能な場合の数は、恐ろしいくらいに多いからです。

1994年、オランダのコンピューター科学者アリス(Victor Allis)はチェスゲームの可能な場合の数が少なくとも10^{123}であると推測しました。参考までに、宇宙で観測可能な原子の数は約10^{80}です。もちろん、不敗戦略を探し出すために必ず10^{123}のゲームをすべて分析しなくてもいいかもしれません。しかし、多くの数理科学者は、光よりも速く移動できないとか、一定の大きさ以下の粒子の動きを正確に扱えないなどの物理学的限界のために、コンピューター技術が発展してもチェスの不敗戦略やナッシュ均衡を計算することは、不可能だと思います。

　ナッシュ定理とツェルメロ定理は、僕たちに「触れることのできない答え」への憧れを抱かせます。答えがあるとわかっていても、その答えに近づけないという事実。この事実は誰かにとってはすごくもどかしいことです。「答えを求めることもできないのに、答えが存在するってわかってどうするの?」という思いになりそうですね。しかし、誰かにとっては答えがあるという事実そのもので十分なのです。触れることはできなくとも、宇宙のどこかにはチェスと同じような複雑なゲームの不敗戦略も浮かんでいるという核心、これだけでも十分ロマンチックな答えかもしれません。近づけないからこそ星がより美しいように、です。

③ 実用的な数学の最高峰、微積分

変化率から未来を予測する

　2021年1月は、落ち着いたと思われた新型コロナウイルスの変種が登場するとともに再び流行しだした時期でした。

　僕は新型コロナウイルスによってかなり大きな被害を受けました。たいへんだった高校生活を終えて、新しい大学生活を楽しもうとした矢先に新型コロナが広がりました。多くの人が僕を哀れんでくれるかもしれませんが、新型コロナのおかげでこの本を書く時間が十分にできたので、すべてが悪いとは言えません。この本は、新型コロナがあそこまで広がらなかったら、まったくこの世に出回ってなかったかもしれないからです。

　でも、とにかく大学新生活なのに！　新型コロナが僕の大学生活を台無しにしてしまったのは本当に嫌でした。執筆作業とは別件で、僕はこのウイルスの状況が一体いつになったら終わるのか、と

ても気になっていました。僕だけではなく、この世界のすべての人が気になっていたと思います。このような質問に答えをくれる学問が**微積分学**です。

　微積分は、多くの人にとって難しくて難解な数学の代名詞として伝えられています。でも、現代の技術の目覚ましい発展は、すべて微積分のおかげで可能になったと言っても過言ではありません。実用的な数学の最高峰は、なんといっても微積分です。人文、芸術ではない学問のうち、微積分を使わない学問を探すのが難しいくらい微積分は重要なのです。機械工学、電子工学、化学、コンピューター科学、生物学、経済学、統計学など、みなさんがどんな分野を言っても、その分野で微積分が使われる例を簡単に探し出せる自信があるほどですから。

　微積分がこんなに多くの分野で使われるのは、微積分が変化に関する学問だからです。ほとんどの現象は、データの値を推測するよりもデータの変化を推測するほうがもっと簡単です。しかし、僕たちが本当に知りたいのは、変化量ではなくデータの値です。微積分は、**データの変化の分析**を**データの値の分析**に変換します。大多数の現象を微積分で容易に分析できる理由です。

知りたいこと	特定の時点でのデータの値。
求めやすいもの	特定の時点でのデータの変化率。
微積分の役割	求めやすいものを知りたいものに変換。

　先ほど話したウイルスを例に挙げてみましょう。僕たちが知りた

いのは、ウイルスが発生した時点からtほどの時間が過ぎた後の感染者の数です。これは予想が難しいです。そのかわり、感染者の変化率を計算するのはとても簡単です。ウイルスの場合、感染者の増加率は現在の感染者の数に比例します。なぜなら、新しい感染者が発生する唯一の方法は、既存の感染者と接触することだからです。

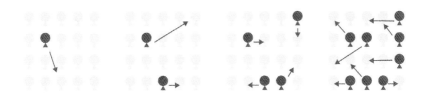

したがって、感染者がy人のとき、時間による感染者の増加率y'は次の通りです。

$$y' = \beta y$$

ここでのβ（ベータ）は、ウイルスがどれほど強力に広がるかを表す定数です。あるウイルスは、感染者が100人のとき（$y=100$）、1日に感染者が10名ずつ増加すると仮定します（$y'=10$）。では、このウイルスのβは0.1です。それならば、このウイルスに感染した人が200人のとき、その日の感染者はどれだけ増加するでしょうか？はい、約20人増加すると思います。

先ほど提示した仮定は類推しやすかったのですが、このような式だけではt日後にどれだけ多くの人が感染するかわかりません。しかし、微積分を利用すると、前の式からt日後の感染者数を知るこ

ともできます。先ほど登場した式を微積分で利用して解くと、次のような式を得ます。

$$y = Ce^{\beta t}$$

　上のような形の式は、とてもありふれた式で**指数関数**という名前ももっています。ここでeは自然定数（ネイピア数）という数ですが、その値は約2.7182818...です。そしてCは初期の感染者数を意味しています。この簡単な式は、鳥肌が立つくらいウイルスの初期伝播を正確に予測します。

　データ分析を通して、2020年初めの新型コロナウイルスのβ値は約1.15だとわかります。$\beta = 1.15$、$C = 1$のとき$f(t) = Ce^{\beta t}$のグラフと1月から4月までの中国を除いた全世界の感染者数の実際のデータを比較したグラフは、以下の通りです[10]。

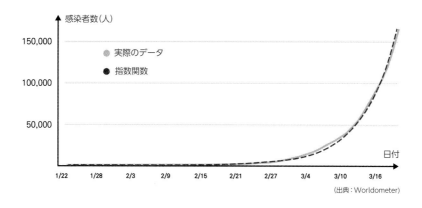

（出典：Worldometer）

10　中国のデータは統計収集方法が途中で修正され、データが一貫していません

かなり似ていますよね？　このように微積分を利用すると、いくつかの簡単な式で与えられた現象がどのように展開されるか予測することができます。

微分の核心原理

　前に僕たちは、感染者数の変化率を$y'=\beta y$とモデリングした後、これから感染者数が時間に応じて$y=Ce^{\beta t}$のように表すことができることがわかりました。今回は、変化率y'が正確に何を意味するのか、そしてy'からyをどうやって知るのか、調べてみましょう。

　まず、直線の傾きについて話を始めます。**直線の傾き**とは、与えられた直線がどれほど急なものかを示す尺度であり、定義は以下の通りです。

直線の傾き

$$直線の傾き＝\frac{y の変化量}{x の変化量}$$

　たとえば、右図の直線はx軸が2だけ変化するとき、y軸は1だけ変化します。したがって、右図の直線の傾きは1/2です。このような側面から、傾きはx軸変数に対するy軸変

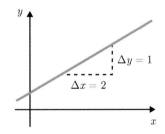

数の変化率を意味します。急な直線なほど、傾きの絶対値が大きくなります。右上向きの直線の傾きは正数であり、下向きの直線の傾きは負数です[11]。

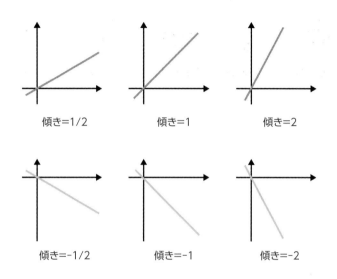

傾きは単純に直線の急さだけではなく、もっと多様な意味をもっています。たとえば、ディメンが無重力状態でボールを投げたとしましょう。ディメンの手を離れたボールは一定のスピードで上がり続けます。もしそのようすを0.5秒単位で写真を撮るならば、次のようになります。

11　図でΔ（デルタ）は変化量を意味する記号です。

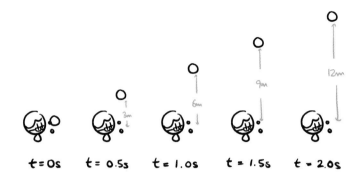

$t = 0s$　　$t = 0.5s$　　$t = 1.0s$　　$t = 1.5s$　　$t = 2.0s$

　上の図は、0.5秒間隔でボールのようすを示しています。0秒から2秒までボールの位置を連続的に表すためにグラフを使います。ボールの高さをyとして、ボールが投げられた後から流れる時間をtとすると、2つの変数の間の関係は、$y=6t$になります。この式をグラフにすると以下のようになります。

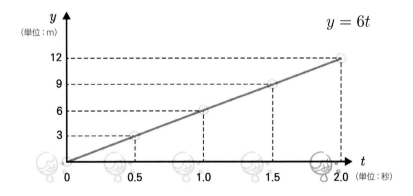

　ボールは、2秒の間に合計12メートル移動したのでボールの速さは秒速6メートルだとわかります。この値は、直線の傾きでもあ

ります[12]。一般的に、時間–距離グラフでは傾きは速さを意味します。時間–距離グラフでは、x軸は時間、y軸は距離だからです。直線の傾きは、距離の変化量を時間の変化量で割った値、つまり速さを意味します。

　先ほどの例は、ボールの速さが一定だったので、すべての区間での傾きも一定でした。今度は、ボールをある惑星上で投げてみます。ボールは惑星の重力によって少しずつ遅くなり、停止した後再び地面に落ちます。落ちる過程は考えず、上に上がる過程のみを考えてみましょう。この場合、0.5秒間隔で写真を撮ると下図のように写ります。

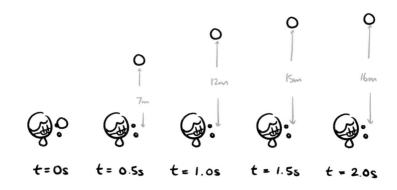

　0秒から2秒までボールの高さを連続的に表すと次ページのグラフのようになります。2つの変数の間の関係は、$y=16t-4t^2$ です。

12　もともと傾き6の直線はとても急な直線ですが、左ページのグラフではx軸間隔とy軸間隔が異なるので、傾きが6である直線にもかかわらず、かなり緩やかに描きました。

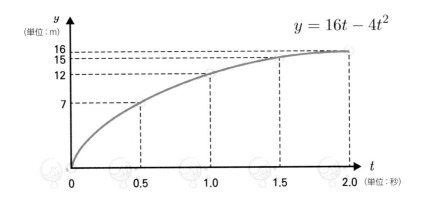

　今回は、ボールのスピードが瞬間ごとに遅くなるので、一定の勾配をもつ直線ではなく曲線状に描かれます。この場合は、直線の傾きのかわりに**接線の傾き**がボールの速さを意味します。たとえば、0.5秒のときのボールの速さは、示している接線の傾きと同じです。

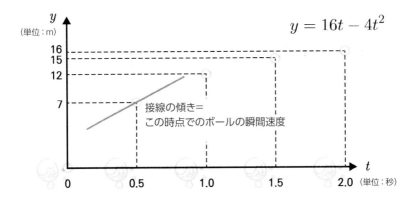

　しかし、問題が出てきました。直線型のグラフは傾きを求めるのが簡単でしたが、上のグラフのような接線の傾きは求めるのがはる

かに難しいのです。接線上に与えられた点は接点しかないので、Δx と Δy を関数式から求めることはできません。

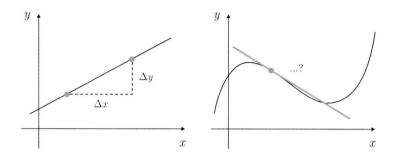

ライプニッツとニュートンは、素晴らしいアイデアを利用してこの問題を解決しました。たとえば、次の点 $A(a, f(a))$ での接線の勾配を求めたいと仮定しましょう。

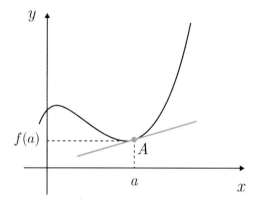

これに先立ち、点 A から Δx ほど離れている点 B を考えてみましょう。

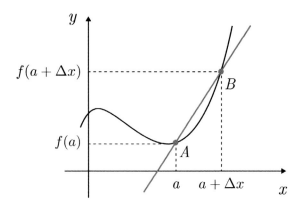

2点AとBを通る直線lの傾きは求めやすいです。

$$(l\text{の傾き}) = \frac{\Delta y}{\Delta x} = \frac{f(a+\Delta x)-f(a)}{(a+\Delta x)-a} = \frac{f(a+\Delta x)-f(a)}{\Delta x}$$

しかし、直線lの傾きは求めたい接線の傾きとの差が大きいです。だから、Δxを小さくして点Bを点Aにさらに近づけます。

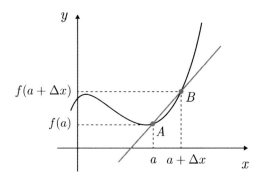

変わらず直線lの勾配は、$\dfrac{f(a+\Delta x)-f(a)}{\Delta x}$ですが、先ほどよりも

点Aでの接線の傾きに似てきました。これからΔxをかなり小さくしてみます。

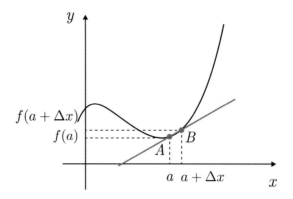

　これで、直線lの傾きが接線の傾きとほぼ一致します。このようにΔxが0に近づくほど直線lの傾きは少しずつ接線の傾きに近づいていきます。それならば、もしΔxが限りなく0に近づけば、直線lの傾きも限りなく接線の傾きに近づき、ついに一致します。これがまさに微分の核心的なアイデアです！　数学ではΔxが無限に0に近いという**極限**を利用して以下のように表します。

$$\lim_{\Delta x \to 0}$$

　したがって、点Aでの接線の傾きは下記のように表すことができます。

$$(接線の傾き) = \lim_{\Delta x \to 0} \frac{f(a+\Delta x) - f(a)}{\Delta x}$$

この値を$x=a$での**瞬間変化率**、または**微分係数**といいます。

瞬間変化率

微分可能な関数$f(x)$の$x=a$での接線の傾きを$x=a$での瞬間変化率
といい、その値は以下の通りである。

$$\lim_{\Delta x \to 0} \frac{\Delta y}{\Delta x} = \lim_{\Delta x \to 0} \frac{f(a+\Delta x)-f(a)}{\Delta x}$$

瞬間変化率は微分係数とも呼ぶ。

このアイデアを使って、前に登場した例をもう一度分析してみま
しょう。僕たちは、ディメンがボールを投げてから0.5秒が経った
ときボールの速さを知りたいのです。つまり、僕たちは点Pでの接
線の傾きを求めたいと思います。

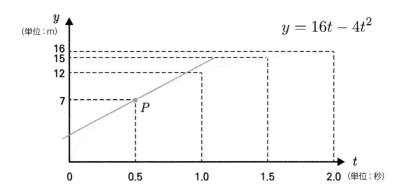

接線の傾きを求めるために、次ページのグラフのようにPの近く
に点Qをとった後、PとQを結ぶ直線を引きます。この直線の傾きは

求めやすいです。Δx=0.5、Δy=5 なので傾きは Δy/Δx=10 です。

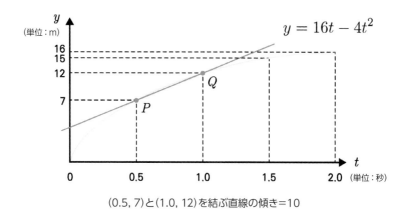

(0.5, 7)と(1.0, 12)を結ぶ直線の傾き=10

微分の核心的なアイデアは、QをますますPに近づけることで、直線の傾きが接線の傾きに収束するようにすることです。Qのx座標が0.75に近づくように移動すると、直線の傾きは11になります。

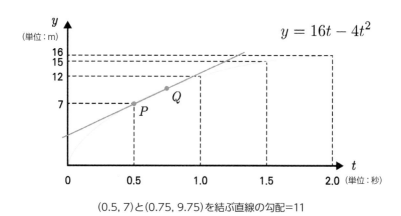

(0.5, 7)と(0.75, 9.75)を結ぶ直線の勾配=11

続けます。Qのx座標が0.6になるように移動すると直線の勾配は11.6になります。

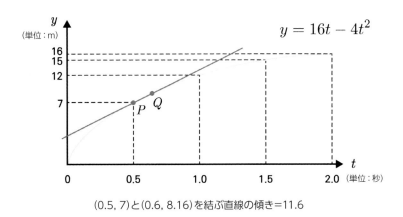

(0.5, 7)と(0.6, 8.16)を結ぶ直線の傾き=11.6

ずっとこの過程を図に描き続けると、紙がもったいないですね。その後の過程は表で見てみましょう。

Qのx座標	直線PQの傾き
0.55	11.8
0.53	11.88
0.51	11.96
0.505	11.98
0.5001	11.9996

このような計算値から、直線PQの傾きはQがPに近づくほど少しずつ12に収束することがわかります[13]。実際にPを通る接線の傾きは12です。ディメンがボールを投げた時点から0.5秒後、ボールの速さは秒速12メートルでした！

　ライプニッツとニュートンが17世紀に発見した微分は、革新的なツールでした。微分を使うと、どんなに複雑な関数の変化率も簡単に求められます。たとえばニュートンは、自分が発見した微分と万有引力の法則から惑星が公転する速度を計算し、いつ、どんな天体が観測されるか知ることができました。

　前に僕たちは、ウイルス感染者数の変化率が$y'=\beta y$と同じ形であらわれると言いました。数学者たちはいろいろな関数を微分してみた結果、指数関数$y=Ce^{\beta t}$を微分すると、$y'=\beta(Ce^{\beta t})$になるという事実を知りました。つまり、指数関数は$y'=\beta y$を満たす関数であり、ウイルス感染者数は指数関数として現れます。

13　この事実を代数学で厳密に求める過程を付録に載せました。

積分の核心原理

よく**積分**は微分の逆演算の関係だといわれます。わり算がかけ算の逆演算で、ひき算がたし算の逆演算であるようにです。間違いではありませんが、積分を最初に説明するには好ましい説明ではありません。なぜなら、積分の定義自体は、微分とまったく関係がないからです。わり算の定義はかけ算の逆演算が正しく、ひき算の定義はたし算の逆演算が正しいものです。これが、わり算とひき算の定義そのものです。しかし積分は、微分とは本来とても違う分野で考案された概念です。ところが、実は微分と積分は逆演算の関係にあったのです。**積分が微分の逆演算だということは、積分の定義ではなく、数学的証明として明らかになった定理**です。

積分は、図形の広さと体積を求めるために考案された概念です。僕たちは、三角形や四角形のような直線で描かれた図形の広さを簡単に求めることができます。図形の辺の数が多くなっても、適当にいくつかの三角形に分けた後、各三角形の広さを加える方法で全体の広さを求めることができます。

底辺×高さ/2   横×縦   分けられた三角形の広さの和

しかし、曲線を含む図形の広さを求めるのは、これよりもはるかに難しいことです。たとえば、みなさんが次のような形の関数の $x=a$ から b までの下部分の広さ S を求める必要があるなら、どのようにしてアプローチしますか？

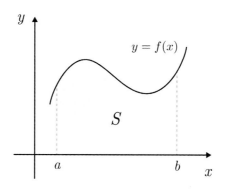

1つの方法は次の通りです。まず、与えられた広さを定義する横軸をいくつかの区間に小さく分けます。その後、各区間の端点^{たんてん}の関数値を縦にする長方形を描きます。

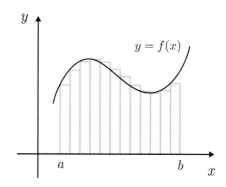

このように分けた後、すべての長方形の広さの和を求めれば、あ

る程度似た値を求めることができます。もちろんSと長方形の広さの和の間には、差が存在します。しかし、下右図のように区間をさらに細かくすればするほど、長方形の広さの和はSと少しずつ似ていきます。

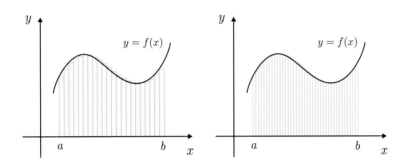

　微分と同様に各区間の長さを限りなく小さくすると、このときの長方形の広さの和はSと正確に一致します。これが積分の核心的なアイデアです。ここで長方形の広さの和を**リーマン和**と呼びます[14]。

　これからリーマン和を数学的に表してみます。この過程は、数式がたくさん出てきます。aからbを計n個の区間で分けたとします。次ページの図では、$n=12$です。各長方形の横の長さをΔxだとすると、$\Delta x = (b-a)/n$です。

14　リーマン和を構成するとき、すべての長方形の横の長さが同じである必要はありませんが、この本では説明の便宜上、すべての長方形の横がΔxで一定だとします。

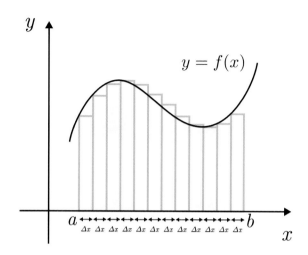

　各長方形を左から0番、1番、2番…このように番号をつけます。このときk番目の長方形の広さを考えてみましょう。k番目の長方形の広さを求めるためには、その長方形の横と縦を知らなければなりません。

　$k=4$を例にして長方形の縦と横の長さを求めてみましょう。4番目の長方形の横がΔxであることは、明白です。一方、縦の長さは、次ページの図で示されているピンク色の矢印の長さと同じです。そしてこの長さは、ピンク色の点の関数値と同じです。ピンク色の点のx座標は、$a+4\Delta x$です。したがって、ピンク色の矢印の長さは$f(a+4\Delta x)$です。

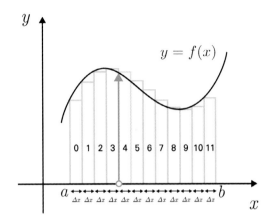

　一般的にk番目の長方形の広さは、$f(a+k\Delta x)\Delta x$です。リーマン和を求めるためには、この値を$k=0$から$k=n-1$まですべてを加えなければなりません。この値は、Σ（シグマ）記号を利用して表すことができます。

$$\sum_{k=0}^{n-1} f(a+\Delta x)\Delta x$$

　求めたい広さのSは、リーマン和でΔxを無限に小さくすると得られます。したがって、求めようとする領域の広さは以下のように書くことができます。

$$\lim_{\Delta x \to 0} \sum_{k=0}^{n-1} f(a+\Delta x)\Delta x$$

　上の式がまさに積分の定義です！　積分には、不定積分と定積分という2種類がありますが、僕たちが扱った積分は、その値がたった1つの値（広さ）で決まるので**定積分**と呼びます。

> **定積分の定義**
>
> 積分可能な関数$f(x)$の$x=a$からbまでの下の広さSは以下の通りである。
>
> $$S = \lim_{\Delta x \to 0} \sum_{k=0}^{n-1} f(a+\Delta x)\Delta x \left(\Delta x = \frac{b-a}{n}\right)$$
>
> この値を求める過程を「$f(x)$をaからbまで積分する」と表現する。上の式は、∫(インテグラル)記号を使って下記のように簡単に表記することができる。
>
> $$S = \int_a^b f(x)dx$$

このように、積分の定義は微分で扱う傾きとなんの関係もありません。しかし不思議なことに、積分と微分は互いに逆演算です。積分と微分の間に隠されたつながりは、付録で詳しく説明します。

ウイルスをもう少し予測してみよう

　この章の導入部で、僕たちはウイルスの感染者数の変化率を$y'=\beta y$と表しました。この式は、ウイルスの初期伝播を予測するのに有用ですが、長期的なウイルス伝播を予測するには適していません。これまで僕たちが考えてきたウイルスモデルは、ウイルスに感染した人たちが無限に増加するという予測をしています。ですから、もう少しよいモデルを立ててみます。

　1つ考慮する点は、ウイルスに感染した人が多いほど、これからウイルスに感染する人が少なくなるということです。もし全人口がN人ならば、ウイルスに感染した人の数がy人のとき、感染者が出会った人が非感染者である確率は、$\dfrac{N-y}{N}$です。これを考慮すると、$y'=\beta y$を以下のように修正することができます。

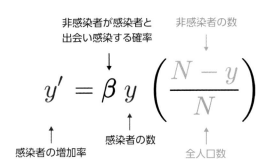

　上の方程式を微積分を利用して解くと、次ページのようなグラフが得られます。このような関数は**ロジスティック関数**と呼ばれます。

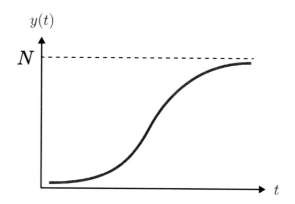

　ロジスティックモデルはもっともらしく見えますが、感染者が回復したり、免疫をもったりすることを考慮しないので、感染者が全人口数Nとして収束すると予測されます。相変わらず現実的ではありません。

　もう少しモデルを発展させてみます。感染者が回復して免疫をもつようになることを考えると、計3つの分類に人々を分けることができます。最初の分類はウイルスに感染したことのない危険群、2番目の分類はウイルスに感染している感染群、3番目の分類はウイルスに感染したけれど治療を受けた回復群です。

　危険群が感染群からウイルスに感染する確率はβです。感染群は、時間当たりγ（ガンマ）の比率で回復します。回復群は免疫ができたので、ウイルスに再び感染しません。次ページのように危険群、感染群、そして回復群の3分類でウイルスの伝播を予測するモデルをSIRモデルといいます。

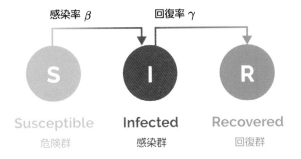

SIRモデルで各群の変化率を式に立ててみましょう。最も求めやすいのは、回復群Rの変化率です。回復群はウイルスに感染しないので、毎時間感染群からγI人の人が流入されたということ以外には変化がありません。式に表すと次のようです。

$$R' = \gamma I$$

2番目に求めやすいのは、危険群Sの変化率です。危険群に属する人がウイルスに感染するには、感染者と出会わなければなりません。全人口の中で出会う人が感染群である確率は、I/Nです。したがって、感染群からウイルスが感染する確率は$\beta I/N$です。これを総危険群の人口数Sにかけると、Sの変化率を得られます。Sに属する人口数は減少し続けるので符号はマイナス(－)です。

$$S' = -\frac{\beta IS}{N}$$

最後は感染群Iの変化率です。毎時間$\beta IS/N$人の人が危険群から

感染群に流入し、毎時間 γI 人の人たちが感染群から回復群に転移します。したがって、感染群の変化率 I' は次の通りです。

$$I' = \frac{\beta IS}{N} - \gamma I$$

下図はこの論議のまとめです。

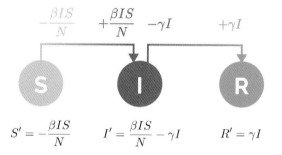

$$S' = -\frac{\beta IS}{N} \qquad I' = \frac{\beta IS}{N} - \gamma I \qquad R' = \gamma I$$

微積分を利用して前に見た3つの方程式を解くと、以下のような結果が得られます。

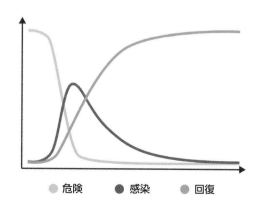

● 危険　● 感染　● 回復

SIRモデルは、ウイルス伝播初期に危険群が恐ろしいスピードで感染群に転移すると予測します。しかし、危険群が急速に減少し、ウイルスに感染する人々の数が少なくなり、また感染群から回復群に変わる人が多くなり、ウイルスの伝播は遅くなります。たちまち感染群が減少して、回復群が円滑に増え、ウイルスは終息を遂げることになります。

　SIRモデルに防疫や死亡などの要因を追加的に考慮したSIRの変形モデルは、ウイルスの伝播を予想するために多様な場所で使われています。次ページのグラフ[15]を見ると、中国内での新型コロナウイルス伝播データ (＋文字で表示) とSIRモデルの予測 (滑らかな曲線で表示) が驚くほど似ているのがわかります。このように、たったいくつかの式だけでウイルスの伝播を説明することができるなんて、微積分の威力ってすごいですよね。

15　出典：Cooper I, Mondal A, Antonopoulos CG. A SIR model assumption for the spread of COVID - 19 in different communities. Chaos Solitons Fractals. 2020;139:110057. doi:10.1016/j.chaos.2020.110057

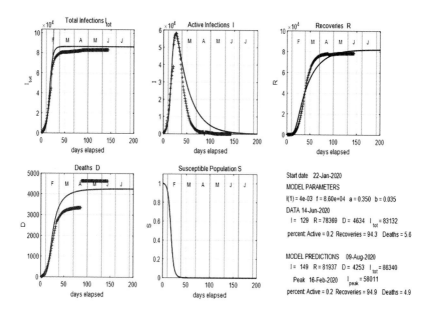

Start date 22-Jan-2020
MODEL PARAMETERS
I(1) = 4e-03 f = 8.60e+04 a = 0.350 b = 0.035
DATA 14-Jun-2020
  I = 129 R = 78369 D = 4634 I_{tot} = 83132
percent: Active = 0.2 Recoveries = 94.3 Deaths = 5.6

MODEL PREDICTIONS 09-Aug-2020
  I = 149 R = 81937 D = 4253 I_{tot} = 86340
  Peak 16-Feb-2020 I_{peak} = 58011
percent: Active = 0.2 Recoveries = 94.9 Deaths = 4.9

カオスの中で
未来を見通す数学

数学と物理学が創り上げたシン・ラプラスの悪魔

いつの間にか僕たちは、この本の最後の章に到達しました。第3部で話したように、僕は、各内容1つ1つがおもしろいことも必要ですが、これらの内容がすべてどのように調和するかというのも重要だと思います。第4部も同じ考えで構成しました。みなさんは、今まで僕たちが第4部で話した話を貫くテーマを感じましたか？

第1章では、アルゴリズムを扱いながら与えられた法則を利用して問題を解くとき、どれほど早く解決できるかを予測しました。次の章では、ゲーム理論を利用してすべてのプレーヤーが自分の利益を優先する戦略をとったとき、ゲームがどのような方向に流れるのかを知りました。そして第3章で、微積分を利用して変化率に関していくつかの式を立てることで、与えられた現象がどのように発展するかを予測することができました。

はい、そうです。第4章を貫くテーマは「未来を予測する方法」です。未来を見通したいという欲求は、時空間を超越して全人類の普遍的な欲求です。未来を予測するために様々な文化圏で出た候補は周易、占星術、カレンダー、茶葉の文様など多様でした。しかし、これらのライバルを抜いて王座に就いた学問は数学でした。

　数学が未来を予測する手段として浮上するようになった最大の契機は、17世紀ヨーロッパで起きた科学革命です。科学革命の時代には、コペルニクス、ガリレオ、ラヴォアジエなど多くの偉大な学者が科学と数学を大きく発展させました。科学革命に貢献した学者の中でも最も偉大な人を選ぶとしたら、断然、物理法則を確立させたニュートンです。ニュートンは『自然哲学の数学的諸原理』という本で、次の4つの物理方式を提示しました。

1.　合力が0ならば、物体は加速しない。逆に加速しない物体に作用する合力は0である。

2.　物体の加速度は加えられた力の方向に生じ、加速度の大きさは加えられた力の大きさに比例する。

3.　すべての作用に対して大きさは同じで方向は反対の反作用が存在する。

4.　2つの物体の間には万有引力が作用し、その力の大きさは2つの物体の質量の積に比例し、2つの物体の間の距離の2乗に反比例する。

4つの法則を数式で書くと次ページのようになります。

1. $\sum \vec{F} = 0 \Leftrightarrow \vec{a} = 0$
2. $\vec{F} = m\vec{a}$
3. $\vec{F}_{12} = -\vec{F}_{21}$
4. $\vec{F} = -G\dfrac{Mm}{R^2}\hat{r}$

前章で僕たちは、微積分を利用してウイルス伝播をモデリングしました。しかし、このモデルはいくつかの仮定と近似によって成り立ったため、該当現象の傾向を説明するだけで、該当現象がどのように発展するのかを100パーセント当てることはできませんでした。

しかし、ニュートンの4つの方程式は、仮定と近似から構成されるものではなく、物理現象の原理そのものを正確に記述する式です[16]。ニュートンの法則を通して宇宙を見ることは、まるでコードを見ながらゲームをプレーするのと同じでした。投げられた物体が描く放物線の軌跡、惑星の運動、回転するコマの速度などは、すべてニュートンの法則を利用して正確に計算することができました。ニュートンは、自分の法則を利用して惑星が楕円軌道を回るという事実まで誘導しましたが、彼の結論は、天文学者ヨハネス・ケプラーが数か月にわたって分析した天体観測資料と驚くほど一致しました。当時の学者たちはニュートンの方法論に感嘆し、ニュートンの法則はヨーロッパの自然科学を支配するようになります。

その後、電気力と磁気力が発見され、物理学者たちはニュートンの法則に新しく発見された力を説明する式を追加するために努力

---

16 アインシュタインの相対性理論によると、ニュートンの法則もある程度の近似を含んでいます。

しました。ついに1865年、マクスウェルがこれまでの電磁理論を
4つの式で網羅することで、物理学者たちは当時知られていたす
べての自然現象を完璧に説明し、また予測できるようになりました。
1894年物理学者アルバート・エイブラハム・マイケルソン（Albert
Abraham Michelson）がシカゴ大学で残した言葉から、僕たちは当時の物
理学者たちの自負心を垣間見ることができます。

　未来の物理学が、これまでの業績よりももっと偉大な業績を残す
　ことができないとは言い切れないが、すでに物理学の大部分の大
　きな基盤は完全で堅固に完成されたと思われる。したがって、未
　来の物理学は、主に既存の理論を実用的に使うことに集中するだ
　ろう。（…）今後の物理学は、定性的理論よりも定量的測定をさら
　に要求するだろうから、物理学の未来は小数点以下の6桁で見つ
　けなければならないだろう。

　数学と物理学の発達は、人々に因果的決定論という考えを植えつ
けました。決定論とは、未来のことはすべて決まっているという考
えです。過去に決定論は、運命や占星術などと絡み合い、迷信的な
扱いを受けました。しかし、数学と物理学の発展によって、決定論
はしっかりとした理論的背景をもちました。万物は、ニュートンと
マクスウェルの物理法則に従います。したがって、今この瞬間、宇
宙のすべての粒子の位置と速度を正確に知ることができたら、ニュ
ートンとマクスウェルの法則を利用して、未来に何が起こるのかを
一寸の誤差もなく計算できます。**因果的決定論**とは、宇宙のすべて

のものは物理法則の支配を受ける原子で構成されているので、宇宙の未来は因果的に決まっているという考え方です。

ラプラスは、1773年に自分のエッセイで次のような言葉を残しました。ラプラスのこのエッセイで登場する知性は、後世に**ラプラスの悪魔**と呼ばれるようになります。

宇宙の現在の状態は、過去の (数学的) 結果であり、未来の原因である。自然に存在するすべての力と粒子の情報を観測することができ、このすべてのデータを分析することができる知性体は、宇宙の最大の天体と最小の原子を単純な数式で支配する。その知性体にとって不確実なことはなにもない。彼は過去を見るかのように未来を見て未来を見るように現在を見ている (＊意訳含む)。

決定論の妥当性とラプラスの悪魔の存在性についての論争は、数学と物理学が発展しながらさらに複雑な様相をもつようになりました。このトピックは、情報理論、量子力学、熱力学など物理学の多

様な分野について深く理解する必要があります。ここでは、決定論とラプラスの悪魔に対して数学的に近づいてみようと思います。僕たちの話は、混沌と予測の不可能性を扱う数学の分野である**カオス理論**から始まります。

天体を計算しても蛇口の水流は計算できない

　エドワード・ローレンツ (Edward Norton Lorenz) は、20世紀半ばに活動していた数学者であり気象学者です。ローレンツの関心事は、データを活用して天気を予測することでした。1961年のある日、ローレンツは気温、湿度などを含む12の変数を利用して気象シミュレーションをコンピューターで確認していました。結果値を得た彼は(多分シミュレーション結果にエラーがないか確認するために)、同じ初期値でシミュレーションをもう一度調べました。しかし、予想外なことに2番目のシミュレーションの結果は、最初のシミュレーションとの差がとても大きかったのです。どちらのシミュレーションも、最初は同じ気象条件で始まったにもかかわらず、時間が経つと最初のシミュレーションは晴れた日を、2番目のシミュレーションは暗雲の日を出力しました。

　最初は、コンピューターの誤作動だと思っていましたが、いくら調べてもコンピューターに異常はありませんでした。遅ればせながら、ローレンツはなぜこんな結果が出たのかに気づきました。ローレンツは、最初のシミュレーションが出力したレポートを見て、2番目のシミュレーションの初期値を設定しました。しかし、該当シミュレーションプログラムのコンピューター内部計算は、小数点以下6桁まで計算しますが、出力時には3桁のみ出力するようになっていました。ローレンツが2番目のシミュレーションの初期値として設定した値は0.506でしたが、この値は最初のシミュレーションで0.506127と計算されていたのです。2つの誤差率の差は1/4000に

過ぎないほどわずかなものでしたが、時間を経て非常に大きな差になりました。ローレンツは、このように非常にわずかな誤差が大きな差に発展する現象を**カオス**と名づけました。

カオスは気象モデルのような複雑な現象だけでなく、非常に単純な現象でも見られます。たとえば、振り子に振り子をつけた**二重振り子**の運動はカオス的です。右のQRコードに添付された動画を見ると、振り子の初期位置の小さな差が、とても大きく発展することが見られま

二重振り子のカオス
(出典：Think Twice)

す。カオスのもう1つの例として、**三体問題**があります。三体問題は、3つの恒星が重力によって互いを引き寄せるとき、各恒星がどのような軌道で運動するかという問題です。2つの恒星が重力によって互いを引き寄せるとき、2つの恒星の軌道を尋ねる**異体問題**は

水道の蛇口から落ちる水滴の
パターンはカオス的です。

ニュートンが解きました。しかし、三体問題はニュートンをはじめ多くの物理学者たちが挑戦したにもかかわらず、200年間解決できなかった難題でした。そして1886年に、ポアンカレが三体問題は解釈的な解が存在しないほど複雑だということを証明しました[17]。その後、三体問題は、カオス的動きの代表的な例として定着しました。

---

17 簡単に言うとコンピューターを利用しなければ計算できないという意味です。

しらばっくれる粒子と確率的宇宙

　カオス理論は、**コペンハーゲン解釈**という理論とともにシナジー効果を発揮し、因果的決定論にとても大きな打撃を与えました。コペンハーゲン解釈は、現代物理学界では最も広く受け入れられている量子力学の理論です。僕が思うに、コペンハーゲン解釈は、この世界のすべての人たちが死ぬ前に必ず知っておかなければいけない理論です。コペンハーゲン解釈は、宇宙が僕たちの考えとはまったく異なる原理で運動している可能性を示しています。

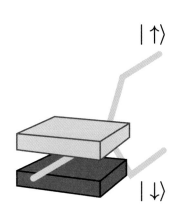

　コペンハーゲン解釈を説明するために、量子力学の有名な実験である**シュテルン＝ゲルラッハの実験**を紹介します。中性子は電荷をもちませんが、速く動くため磁場の中でほんの少し曲がります。右上図のようにN極磁石を下、S極磁石を上に配置して中性子を2つの磁石の間に速く発射すると、一部の中性子はスクリーンの上から、一部はスクリーンの下から観測されます。スクリーンの上から観測された中性子は $|\uparrow\rangle$ のスピンをもっているといい、下から観測された中性子は $|\downarrow\rangle$ のスピンをもっているといいます。中性子のスピンは、一般的な状況[18]で維持されます。

18　なぜ「一般的な状況」なのかは、すぐにわかります。

つまり、｜↑〉のスピンをもっている中性子をもう一度観測しても、依然として｜↑〉で観測され、いきなり｜↓〉に観測されることはありません。

　磁石を上下ではなく左右に配置して、同じ実験を行うこともできます。この場合、一部の中性子はスクリーンの左側で、一部の中性子はスクリーンの右側で観測されます。左側で観測された中性子はスピンが｜←〉で、右側で観測された中性子はスピンが｜→〉です。

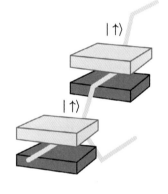

　この事実を念頭に置いて、次のような実験を考えてみます。まず、上下に配置された磁石の間に中性子ビームを発射します。すると、中性子ビームは、上下に分割されます。このとき上側に分けられた中性子ビームの上下に再度磁石を配置するとどうなるでしょうか？　そうです、先ほど話したようにすでにスピンが｜↑〉で観測された中性子は、もう一度観測しても｜↑〉で観測されます。そのため、中性子ビームは分かれずに、磁石の上側にしか曲がりません。

　では、スピンが｜↑〉で観測されたビームを左右に配置した磁石の間に通すとどうなるでしょうか？　上下スピンは左右スピンとなんの関係もないので、｜↑〉で観測された中

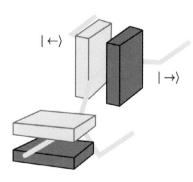

性子が｜←〉スピンと｜→〉スピンをもつ確率はそれぞれ50パーセントで同じです。したがって、ビームは左右に割れてしまいます。

この状態で右に割れた中性子ビームを上下に配置された磁石の間に通すと、どのような結果になるでしょうか？　最初の磁石のせいですでに当該ビームは、スピンが｜↑〉の中性子のみで構成されています。もう一度上下磁石の間にビームを通過させても、依然として｜↑〉だろうと予測できます。

しかし、実際には予想を覆す結果が現れます。たしかに最初の磁石を通じてスピンが、｜↑〉である中性子のみを選んだのにもかかわらず、中性子ビームが｜↑〉スピンと｜↓〉スピンに分かれます！

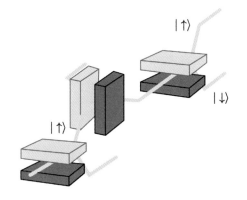

20世紀の科学界は、ありえないこの結果をどのように解釈すべきかについて、1日も穏やかな日はありませんでした。様々な主張の中で最も広く受け入れられたのがコペンハーゲン解釈でした。コペンハーゲン解釈は多くの主張を含んでいますが、この中で最も代表的な主張は以下の通りです。

1.　観測されていない粒子の状態は、単に確率的に存在する。
2.　粒子を観測した瞬間、粒子の状態は1つに決まる。
3.　粒子に関する新しい情報を観測すると、すでに観測された情報は破壊され、再び確率的な状態になる。

　コペンハーゲン解釈に従ってシュテルン＝ゲルラッハの実験を解釈してみます。コペンハーゲン解釈によって中性子のスピンは「|↑〉または|↓〉」の明確な状態で決まっていません。かわりに「50パーセントの確率で|↑〉、そして50パーセントの確率で|↓〉」という確率的な状態で存在します。しかし、磁石を通して観測した瞬間、中性子のスピンは|↑〉または|↓〉で決まります。観測されたスピンは、その後の観測でも一貫して出てきます。しかし、上下スピンのかわりに左右スピンを観測した瞬間、既存の上下スピン情報は破壊され、もう一度中性子は「50パーセントの確率で|↑〉、50パーセントの確率で|↓〉」という最初の確率的状態に戻ります。そのため、左右スピンを観測した後、上下スピンを観測すると中性子が再び上下に割れてしまうのです。
　要約すると、宇宙はローグライクゲームと似ている動きをしま

す。ローグライクゲームというのは、プレーするたびに確率的にゲームのレベルが決まってしまうゲームです。たとえば、ゲームを初めてプレーするときは、ダンジョンにモンスターが5匹いましたが、次回はモンスターが6匹いたり、4匹だったりもします。そのため、ローグライクゲームは、プレーヤーが現在プレーをしているレベルだけ実際的にレンダリングし、残りのレベルは、確率的な状態で残しておきます。

確率的状態。

現在のレベルのみ
具体的に
構成されている。

さて、コペンハーゲン解釈によると、宇宙もローグライクゲームのような動きをします！　今、みなさんが読んでいるこのページは367ページですが、みなさんが少し後ろを向いてもう一度本を見たら、いきなり398ページになっているかもしれません。もちろん、多くの粒子の確率論的作用はマクロ的スケールで相殺されるため、本のページが突然変わるなどのことが起きる確率は0と変わりませんが…。

コペンハーゲン解釈により、因果的決定論は根本的に否定されま

した。それにもかかわらず、一部の学者は、コペンハーゲン解釈の影響が及ぶ範囲があまりにもミクロ的なので、マクロ的スケールではいまだ決定論が成立すると主張しています。しかし、ここでカオス理論が登場しました。カオス理論によると、とても微細な初期値の違いも時間を経て非常に大きな違いに発展することもあります。コペンハーゲン解釈で主張する粒子の不確定性も、カオス理論によるとマクロ現象に影響を与えることがあります。このように、ニュートン力学とともに脚光を浴びた因果的決定論は、量子力学の発展とカオス理論によって主流理論から遠ざかっていきました。

絶対に予測できないことについて

コペンハーゲン解釈は、現在学会の主流理論です。しかし、コペンハーゲン解釈が間違っていて、宇宙が実際に決定論的である可能性もあります。この本ではコペンハーゲン解釈が間違っていたら、ラプラスの悪魔が可能かを数学的に論議してみようと思います。つまり、与えられたシステムが決定論的ならば、そのシステムは予測可能かどうかについて調べるのです。

1931年に発表された**ゲーデルの不完全性定理**は、ヒルベルトプログラムが瓦解する決定的な契機になりましたが、一方では新しい数学分野が胎動するきっかけにもなりました。**計算可能性理論**がその1つです。計算可能性理論では有名な問題である**停止性問題**を説明するために、次のプログラムを見てみましょう。

```
x = input()
i=0
while(i is not x):
  print("Hello, world!")
  i = i + 1
```

　上記のプログラムは、まずユーザーがなんらかのデータを入力した後、そのデータをxという名前の変数に保存します。その後、変数iの値を0に設定します。プログラムは、変数iの値がユーザーが入力したデータと一致するまでHello, world!を出力します。出力をするたびにiの値は、1だけ増加します。

　簡単な問題を出してみます。ユーザーがこのプログラムに3を入力したら、プログラムは何を出力するでしょうか？　そうです、プログラムは以下のようにHello, world!を3度出力して終了します。

Hello, world!
Hello, world!
Hello, world!

　一般的にユーザーが自然数を入力すると、プログラムはその自然数だけHello, world!を出力して終了します。ところで、プログラムに‒1のような負数を入力するとどうなるでしょうか？　iは0から始まり増加し続けるためにiの値は負数になりません。そのためプログラムは、以下のように（ユーザーが強制的にプログラムを終了しない限り）

Hello, world! を果てしなく出力します。

Hello, world!

Hello, world!

Hello, world!

Hello, world!

Hello, world!

Hello, world!

Hello, world!

…

　このように、プログラムは入力値によっては有限時間内に終了することができ、無限ループにはまって永遠に終了しないこともあります。停止性問題は、あるプログラムPとプログラムPの入力値xが与えられたとき、このプログラムが有限時間内に終了するかを判断する問題です。

> **停止性問題**
>
> 任意のプログラムPとデータxについて、$P(x)$が有限時間内に終了するかを判断するアルゴリズムを提示しなさい。

　しかし、すでに前のタイトルで気づいたかもしれませんが、停止性問題は1937年アラン・チューリング(Alan Mathison Turing)によって解答が存在しないことが証明されました。多分、みなさんのコンピ

ューターのプログラムがいきなり停止してしまったとき、プログラムが正常に復帰するまで待つか、プログラムを強制的に終了させるしかないか、葛藤したことがあるはずです。コンピューターがユーザーにプログラムを終了させるべきか教えてくれたらいいのに、いまだにコンピューターがそのような情報を教えてくれないのは、停止性問題の解答がそもそも存在しないからです[19]。

　チューリングの証明は、停止性問題の解答が存在するという仮定から始まります。この仮定が正しければ、任意のプログラムPとデータxが与えられたとき、(P, x)が有限時間内に終了したら真を出力し、そうでなければ偽を出力するプログラム doesHalt(P, x) が存在します。たとえば、

```
P = "x = input()
i=0
while(i is not x):
    print("Hello, world!")
    i = i + 1  "
```

ならば doesHalt$(P, 3)$ は真を、doesHalt$(P, -3)$ は偽を出力します。

　しかし、コンピューター内部では、プログラムと数字のすべてが0と1の羅列のみです。ただ与えられたデータをどのように

---

19 日常業務領域で起こる無限ループは、メモリ領域確認やタイムアウトなどのデバイスを通じてコンピューターが検出することもあります。

解釈するかによって、データの意味が変わるのです。たとえるならば、/sora/は韓国語で訳すと軟体動物の一種であるサザエを指す言葉ですが、日本語で訳すと空です。同じ音の単語であるにもかかわらず、どのように解釈するかによって意味が変わるのです。プログラムとデータも同じです。コンピューターで00000000101000010001100000100000という0と1の羅列は、数字値で解釈すると10557472を意味しますが、プログラムコマンドとして解釈すると2つの変数の値を加えて異なる変数に保存するコマンドです。

先例として挙げたPも、コンピューター内部では0と1の羅列として変換されます。実際にPを0と1の羅列で変換するとこれよりもはるかに長くなりますが、便宜上P=00101110だとしましょう。一方、数字3はコンピューター内部で00000011に変換されます。したがって$\text{doesHalt}(P, 3)$は、コンピューター内部で以下のように処理されます。

doesHalt(00101110, 00000011)

このように見ると、プログラムPとデータxは本質的に変わりはありません。必要に応じて僕たちは、データをプログラムのように扱うことも、プログラムをデータのように扱うこともできます。したがって$\text{doesHalt}(P, 3)$だけではなく$\text{doesHalt}(3, P)$、$\text{doesHalt}(3, 3)$、$\text{doesHalt}(P, P)$などの構文も可能です。

チューリングは、この事実を使ってdoesHaltの論理的な矛盾を

攻略しました。チューリングは次のようなプログラムGを思いつきました。Gは、入力値として受け取ったプログラムPに対してdoesHalt(P, P)が真ならば無限ループに陥り、偽ならば **Hello, world!** をたった1度だけ出力して終了するプログラムです。コードは以下の通りです。説明の便宜上のため、左側に行番号を追加しました。

```
1   P = input()
2   if doesHalt(P, P):
3       while(1 > 0):
4           print("Hello, world!")
5   else
6           print("Hello, world!")
```

では…GにGを入力値として与えたらどのようなことが起きるのでしょうか？　これには2つの可能性があります。$G(G)$は、有限時間内に終了するか、無限ループに陥ります。それぞれの可能性を見てみましょう。

1. $G(G)$が有限時間内に終了した

$G(G)$が有限時間内に終了するためには、3番の行の無限ループをスキップしなければなりません。したがって2番行のdoesHalt(G, G)が偽として出力されなければなりません。しかし、doesHalt(G, G)が偽ということは、$G(G)$が有限時間内に終了できないという意味です。これは仮定と矛盾します。

2. $G(G)$ が有限時間内に終了できない

$G(G)$ が有限時間内に終了しないためには、3番行の無限ループ内に入らなければなりません。したがって、2番行のdoesHalt(G, G) が真として出力されなければなりません。しかし、doesHalt(G, G) が偽ということは、$G(G)$ が有限時間内に終了されるという意味です。これもやはり仮定と矛盾します！

どちらの可能性も矛盾した結果を出します。このことから僕たちは、doesHaltが存在できないことがわかります。doesHaltが存在するならば、Gのような論理的に矛盾したプログラムをつくることができるからです。■

停止性問題は、興味深い点を示唆しています。コンピューターのプログラムは、すでに決められたアルゴリズムによって動くので、あえて実行しなくても完璧に予測できると思います。しかし、現実は違います。プログラムの一部は論理的に予測不可能です。しかも、停止性問題と同じ決定不可能問題の数は、数えきれないほど大きな無限（第2部を参照）を構成します。つまり、決定論的システムと予測可能なシステムは同義語ではありません。

これをこれまでの決定論についての僕たちの論議に適用すると、次のような結論を得られます。たとえコペンハーゲン解釈が間違っていて、僕たちの宇宙が決定論的に動いたとしても、ラプラスの悪魔は未来に対してすべての情報を知ることはできません。

第1部で登場したゲーデルの不完全性定理と証明を読んだら、停

止性問題の不可能性証明とゲーデルの不完全性定理の証明がとても似ていると感じるはずです。停止性問題の証明はプログラムをデータで変換し、自分の入力値として自分自身を扱う仕組みによって矛盾を引き起こします。ゲーデルの不完全性定理の証明は、述語を自然数（ゲーデル数）に変換し、自分の変数で自分自身をとる構造を通じて矛盾を引き起こします。

　また、第1部で言及したラッセルの集合もゲーデルの不完全性定理及び停止性問題ととても似ています。このデジャヴは偶然ではありません。ラッセルの集合、ゲーデルの不完全性定理、停止性問題、この3つの概念はすべて、現代数理論理の核心概念の中の1つである**自己言及**の数学的論証です。自己言及とは、文字通りある対象（それが述語であれ、プログラムであれ、文章であれ）が自分自身に言及することです。

　自己言及は、ほとんどすべての論理的体系で発生する混沌とした構造ですが、深刻な矛盾を生む原因でもあります。ラプラスの悪魔も自己言及的構造をもっています。ラプラスの悪魔が予測する宇宙には、自分自身も含まれているからです。ラプラスの悪魔という存在が成立するためには、ラプラスの悪魔が自身の行動も完璧に予測できなければなりません。つまり、ラプラスの悪魔は自らの予測によって行動が束縛されてしまうのです。ラプラスの悪魔は、現実的に不可能であるだけではなく、数学的にも不可能です。

　しかし、たとえラプラスの悪魔が不可能だとしても、宇宙の未来が物理法則から（確率的に）決定されているという事実に変わりはあ

りません。人間の行動も例外ではありません。魂などの非物理的要素が存在しないと仮定したら、人間も無数の原子の集まりに過ぎません。人間が感じる感情と思惟する考えは、脳で起こる一連の化学反応に過ぎません。したがって、みなさんが未来にどうなるか、お金をどれくらい稼ぐか、誰と結婚するか、いつ死ぬか、どれだけ大きな幸せを享受するかは、すべて物理法則によってすでに決まっています。

　例を挙げてみましょう。今僕は、未来に留学するかどうか悩んでいます。正しい選択をするために、僕は多くの情報を探し、各選択の価値を秤にかけます。しかし、結局この重大な決定を下す主体は僕の自由意志ではありません。僕の未来は、すでに薄情な宇宙の物理法則によって決められているからです。僕がアメリカに留学する確率は35パーセント、ヨーロッパに留学する確率は17パーセント、韓国に残る確率は46パーセントということです。その中でどのような未来になるのかはニュートンの物理法則と両者の確率的な作用によって決まるでしょう。

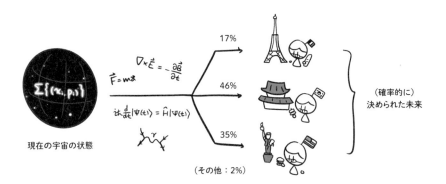

現在の宇宙の状態

17%

46%

35%

（その他：2%）

（確率的に）
決められた未来

自由意志は、1つのすてきな錯視のようなものです。人間の意識にかかわる外部要素がとても多い（視覚と嗅覚を含む感覚的情報、それらから生じるニューロンの電気的作用と体内ホルモンの化学反応、DNAに書かれた塩基対とそこから発現する遺伝的形質など）ので、自らの決定は自分の自由意志から始まると勘違いしてしまいます。みなさんが決定論の束縛から抜け出すために、今夜のメニューをコイントスで選んだとしても、みなさんが夕食のメニューをコイントスで選ぶという考えそのものがすでに決められているということです。本質的に僕たちは、宇宙というピンボールマシンの中で転がり続けるタンパク質の玉に過ぎません。

　一見、この結論は人生に対する無気力さを物語っているようです。だから多くの人は、この事実を努めて無視して生きていきます。しかし、しばらく息を整え、ゆっくりとこの事実を考えてみると、僕たちは人生を見直す新しい価値観を得ることができます。僕はこの価値観も伝統的価値観に劣らず、むしろもっと人生を美しくしてくれると思います。

　僕は、人間のすべての不安は1人の人間が背負う過度の責任感から生じると思っています。「私の人生は私がつくっていくもの」などというモットーは、一見ロマンチックです。しかし、このモットーは個々の人間に耐えられないほどの責任感を押しつけます。この責任感は、もし私が成功できなければ、もし私が失敗の人生を生きていてみすぼらしく死んでしまったら、そのすべての不幸が自分の過ちのようで、耐えられないようにします。だから僕たちはいつも

未来を心配し、恐れています。またこのモットーは、僕たちがいつも過去を後悔してしまうようにします。過去のすべての痛みが全部自分のせいのような気がするからです。もし僕がもっとマシな選択をしていたら、そんなことは起きなかっただろうという錯覚の中で、僕たちは自責の沼にはまってしまうのです。

しかし、自由意志はなく、宇宙のすべての未来が物理法則によって決まっているという自覚は、僕たちをその沼の中から脱出させてくれます。僕たちは過去を後悔しなくてもいいのです。過去のすべてのことは、必然的に起こるべきだったからです。また、僕たちは未来を心配し過ぎる必要などないのです。ただ僕たちは、今に最善を尽くすだけで、その後やってくる結果は気楽に受け入れればいいのです。どうせ自由意志のない世界では、富や権力のような成功は人生の価値を判別する尺度にはなりません。それは個人の自由意志によって集まるのではなく、DNAと周辺環境をはじめとする外部変数が有利に作用してこそ集まるのですから。

かわりに、人生の価値は、その人が瞬間瞬間の経験をどれほど大切にしたかにかかっ

ています。人間は人生の**彫刻家**ではなく、人生の**観覧客**です。観覧客の美徳は、彫刻家が力を入れた芸術品の美しさを静かに鑑賞することであり、人間の美徳は、宇宙が力を入れてつくった美しい世界を鑑賞することではないでしょうか？　だから僕は、晴れの日に風に吹かれて香る花の香りを満喫する人、雨の日に雨粒が聞かせてくれるメランコリーなリズムに耳を傾ける人、雪の日に美しい雪の中を自分がいたんだよと自慢するように足跡を残す人、平日は引き受けた仕事にベストを尽くし、週末は窓の外を見ながら好きな音楽とワインを楽しむ人、そんな人たちこそが真の価値のある人生を送ったのだと思います。僕は、この価値観を実践するために、この本を本当に凝りに凝って完成させました。これから僕はいちばん好きな大福を食べにいきます。せっかくだからワインも添えて、です。みなさんも本を読み終えたことを祝って、今日はささやかながらも、自分の好きなことをしてください！

付録

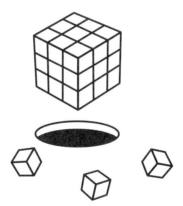

論理記号の詳細な意味

　厳密な意味での1次論理は構造論的に構成されているので、今からご紹介する意味とは異なります。なので、ここでは難易度を考慮して高校レベルで各記号の意味を説明します。

1.　変数と述語：x　P

　変数とは、特別な値が決まっていないまま述語についている文字のことで、述語とは変数の値に応じて真と偽が決まる命題のことです。たとえば、述語 $P(x):x$ **は偶数だ**の場合、$P(2)$ は真ですが $P(1)$ は偽です。

　述語についている変数が1つである必要はありません。$Q(x,y):x$ **はyより大きい**など、いくつかの変数でも述語を構成することができます。上記のように Q を定義すると、$Q(2,1)$ は真ですが $Q(1,2)$ は偽です。

2.　関数：f

　関数は変数 x の値に応じて新しい値 $f(x)$ を出します。たとえば $f(x)=2x+1$ の場合、$f(3)=7$ です。

　述語と同様に、関数も1つの変数だけをもっている必要はありません。たとえば、$f(x,y)=x^2+y$ ならば、$f(2,3)=7$ です。ご覧の通り、述語と関数はとても似ている概念です。ただし、異なる点は述語の出力は真または偽であり、関数の出力はまた別の変数だということです。

3. 論理演算子：∧ ∨ → ¬

$P \wedge Q$、$P \vee Q$、$P \rightarrow Q$ のように2つの述語(または命題)の間に∧、∨または→を入れると、新しい述語(または命題)がつくられます。たとえば、$P \wedge Q$ は P と Q がすべて真のときだけ成立する命題です。一方、$\neg P$ は、P の否定を意味します。各記号の詳しい真理値は次の表のようです。表でTは真を、Fは偽を意味します。

P	$\neg P$
T	F
F	T

P	Q	$P \rightarrow Q$
T	T	T
T	F	F
F	T	T
F	F	T

P	Q	$P \wedge Q$
T	T	T
T	F	F
F	T	F
F	F	F

P	Q	$P \vee Q$
T	T	T
T	F	T
F	T	T
F	F	F

1つ指摘すべき点は、Pが偽のときP→Qは真という点です。たとえば、ディメンが「明日天気がよかったら運動しよう」と計画を立てたとします。しかし、残念ながら翌日雨が降って、そのせいでディメンは運動ができませんでした。だとしても、ディメンは自分の計画を守らないわけではありませんでした。あくまでもディメンの計画には、「天気がよかったら」という仮定があったからです。このように仮定が成立しないことで命題が真になる場合を、**空虚な真**（Vacuous Truth）といいます。

4. 限定記号：∀ ∃

　∀と∃は、述語がどの変数に限って真であるかを表す記号です。$\forall x P(x)$は述語Pがすべてのxに対して成立するという意味で、$\exists x P(x)$は述語Pがあるxに対して成立するという意味です。∀は「All（すべて）」の頭文字を、∃は「Exists（存在する）」の頭文字をとったものです。アルファベットの形を思い出したら簡単に覚えられます。

　たとえば、**$K(x)$：xは韓国人だ**と**$H(x)$：xは人間だ**という2つの述語に対して以下の2つの命題が成立します。

$\forall x[K(x) \rightarrow H(x)]$　すべての韓国人は人だ。
$\exists x[K(x) \wedge H(x)]$　韓国人である人が存在する[1]。

1　ある人は韓国人だ。

5. 等号：＝

等号は2つの対象が同じであることを意味する記号です。しかし、「同じ」の厳密な意味はなんでしょうか？　一次論理では、等号を以下の3つの条件を満たす2つの対象間の関係と定義します。

1.　任意（すべて）の変数xに対して$x=x$が成立する。
2.　任意の変数x、yと任意の関数fに対して
　　$f(\cdots, x, \cdots)=f(\cdots, y, \cdots)$が成立する。
3.　任意の変数x、yと正規式Φに対して、Φの自然変数xを（任意の個数だけ）yに置き換えられた正規式がΦ'のとき$(x=y) \rightarrow (\Phi=\Phi')$が成立する。

1番は当然ですよね。2番は同じ2つの対象の関数値は同じという意味で、3番は与えられた論理式の中に登場する「自由な変数」は同一の変数として変えられるという意味です。「自由な変数」がどのような意味なのかは例を通して理解してみましょう。述語$D(x)：x$は生命だに対して$D($人$)$は真です。しかし、「人＝人間」なので、等号の3番の性質によって人を人間として変えた$D($人間$)$もやはり真です。

上記のような厳密な等号の定義に基づき、**等号の交換法則**[2]や**等号の推移性**[3]を証明することができます。僕たちが小学校のとき、

2　　$x=y$ならば$y=x$が成立する。
3　　$x=y$で$y=z$ならば$x=z$が成立する。

あまりにも当たり前に思っていた性質まで数学者たちにとっては、証明の対象です。

6. 文章符号：括弧とコンマ

最後の記号は、括弧とコンマです。括弧は、演算の順序を明示するための記号で、コンマは記号の間の関係を明示するための記号です。括弧とコンマについては、みなさんもよくおわかりだと思いますので、説明は省略します。

「本当に」必須な論理記号の数は?

これまで合計12個の論理記号を説明しました。しかし、望むなら、これよりもはるかに少ない記号だけでも1次論理を広げることができます。

1. 論理記号の数を減らす

論理記号∨と¬だけで、残りの2つの論理記号∧と→を代替することができます。次の表では、左の論理式と右の論理式は同じです。なぜなのかは、2つの文章の言語的な意味をじっくりと考えたり、表を描いて考えたりしてみると、論理的思考力のいい練習になると思います。

記号	¬と∨で代替	意味
$p \wedge q$	$\neg(\neg p \vee \neg q)$	「pが偽かqが偽だ」が偽だ。
$p \rightarrow q$	$\neg p \vee q$	pが偽かqが真だ。

さらにもう一歩進んで**否定論理和**(Logical NOR)という記号を導入すると、∨、∧、¬、→をすべて代替することができます。否定論理和記号は↓で、$P \downarrow Q$の意味は$\neg(P \vee Q)$と同じです。否定論理和を使うと、$\neg P$と$P \vee Q$は次のように代替することができます。

$$\neg P \leftrightarrow P \downarrow P$$
$$P \vee Q \leftrightarrow (P \downarrow Q) \downarrow (P \downarrow Q)$$

　そして、¬と∨から∧と→を代替することができるので否定論理和だけあれば、4つの論理記号をすべて代替することができます。したがって、必須な論理記号は1つです。

2.　限定記号の数を減らす

　∃もまた∀と¬で以下のように代替することができます。

$$\exists x P(x) \leftrightarrow \neg (\forall x [P(x)])$$

　どういう意味かというと、**あるxが$P(x)$を満たす**命題は**すべてのxが$P(x)$を満たせないというわけではない**と意味が同じです。したがって必須な限定記号の数は1つです。

3.　文章符号の数を減らす

　驚くべきことに、括弧とコンマはまったく使わないこともあります。**ポーランド記法**を使うと可読性を捨てるかわりに括弧とコンマを使わなくともすべての式を正しく書くことができます。

$$\forall x \forall y (P(f(x)) \rightarrow \neg (P(x) \rightarrow Q(f(y), x, z)))$$

　上の式をポーランド記法で書くと次ページのように括弧とコンマ

なしに表すことができます[4]。

$$\forall x \forall y \rightarrow P f x \neg \rightarrow P x Q f y x z$$

　ポーランド記法は、演算子を被演算子の間に入れず前に配置することで、括弧とコンマを省略できます。たとえば$x+y$はポーランド記法で書くと$+xy$と同じです。したがって、必須な文章等号の数は0です。

　残りの記号（2種の非論理記号、変数、等号）は省略できません。これによって、数学はわずか6つの記号で成り立っていることがわかります。

---

4 Wikipedia（ウィキペディア）の例を使用しました。

凹-凸クイズの解答

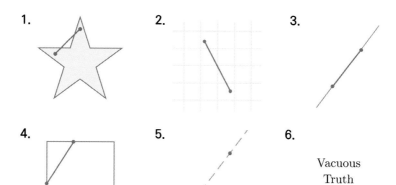

1.

2.

3.

4.

5.

6. Vacuous Truth

　星、四角形の枠、点線は凹で、無限平面と直線は凸です。

　6番の空集合が少し混乱しますが、空集合は凸の集合です。空集合が凸である理由は、付録で紹介した**空虚な真**と関連があります。空集合の場合には、集合内に属する点2つを最初にとることができず、仮定が成立しないので命題は真なのです。

ユークリッド公理系で三角形の内角の和を求める

ステップ1. 同位角の大きさが同じであることを示す

この定理を証明するために、まず同位角が同じということを見なければいけません。**同位角**というのは、下のような平行線でAとbの位置にある2つの角です。

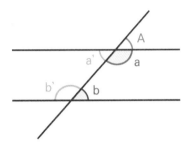

ユークリッドは、平行線で同位角の大きさが同じという事実を**帰謬法**を利用して証明します。帰謬法は、命題Pが真であることを示すためにPが偽という仮定をしたら矛盾が生じることを示す証明方法です。

帰謬法に従って、$A \neq b$を仮定してみます。直線の角は180°なので[5]$A = 180° - a$です。この式を$A \neq b$に代入すると$180° - a \neq b$を得られ、両辺にaを加えると以下のようになります。

$$a + b \neq 180°$$

---

5 直線の角が180°という事実もユークリッド公理系で証明できます。

したがって、2つの可能性があります。$a+b>180°$かもしれない し、$a+b<180°$かもしれません。それぞれの可能性を考えてみます。

1. $a+b>180°$

aとbは、2直線が1つの直線と出会って成す2つの角です。この 2つの角の和が$180°$よりも大きいなら、平行線の公準により2直線 は左側で出会わなければなりません。しかし、2直線は平行線なの で矛盾です。

2. $a+b<180°$

$a+a'=180°$なので$a=180°-a'$です。同じように$b=180°-b'$で、この2 つの式を$a+b<180°$に代入して整理したら$a'+b'>180°$を得ます。1番 で説明した論理を同じように適用すると、平行線の公準により2直 線は右側で出会わなければいけません。同じように矛盾です。どの 可能性を仮定しても矛盾が生じるので帰謬法による同位角の大きさ が同じということが証明されました。

ステップ2. 錯角の大きさが同じであることを示す

2つめのステップは、錯角の大きさが同じであるかを示すことで す。錯角は、前ページの図で角bと角a'の位置にある2つの角です。

Aとbが同位角なので$b=a'$を見せるためには、$A=a'$を見せればい いのです。直線の角は$180°$なので$A+a=a'+a=180°$です。したがって $A=a'$であり、これから錯角の大きさが同じであることが証明され ました。

ステップ3. 三角形内角の和が180°であることを示す

これらから、三角形の内角の和が180°だということを簡単に示すことができます。以下のような三角形があるとき、次のような三角形の一点を通り、三角形の一辺（下の緑色の線分）に平行な直線（上の緑色の直線）を描くことができます[6]。

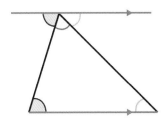

先ほど僕たちが証明した錯角の性質によって、2つの紫の角と2つの黄色の角は互いに同じ大きさです。つまり、三角形の3つの内角の和は直線上の3つの角の和と同じです。これから三角形の3つの内角の和は180°であることが証明されました。

6　このような平行線が存在するという事実さえもユークリッド公理系で証明ができます。

鳩の巣問題の解答

2つの格子点$A(a, b)$と$B(c, d)$の重点Mは下記の通りです。

$$M\left(\frac{a+c}{2}, \frac{b+d}{2}\right)$$

したがって、点Mが格子点であるためには、$a+c$と$b+d$がすべて偶数でなければなりません。そして**$a+c$が偶数であるためには、aとcの奇数性が同じ**でなければなりません。どうやらこの問題を解く核心は、各座標の奇数性を分類することにありそうです。

格子点の中の1つが$P(x, y)$だとしましょう。すると、x、yの奇数性に応じて点Pを以下の4つのタイプのうちの1つに分類することができます。

	x	y
タイプ1	奇数	偶数
タイプ2	偶数	奇数
タイプ3	奇数	奇数
タイプ4	偶数	偶数

問題で与えられた格子点は5つなので、**鳩の巣原理**によって少なくとも2つの点は同じ類型に属しなければなりません。そのような2点を$A(a, b)$、$B(c, d)$だとすると、aとcの奇数性が同じでbとdの偶数性が同じです。したがって$a+c$と$b+d$が両方とも偶数であり、これらの重点$M((a+c)/2、(b+d)/2)$も格子点になることがわかります！

ゲンツェンの自然演繹法でド・モルガンの法則を証明する

　ゲンツェンの自然演繹法で、**ド・モルガンの法則**の1つである以下の式を証明してみます。

$$\neg (p \vee q) \vdash \neg p \wedge \neg q$$

　ここで $\vdash$ は「～から～の証明が可能だ」という意味の記号です。証明理論では、$A \rightarrow B$（AならばBだ）と $A \vdash B$（AからBが証明可能だ）を分けて使います。前者は数学的命題であり、後者は超数学的命題です。これと関連した内容は本文の98ページを参照してください。ド・モルガンの法則の証明過程は下記の通りです。

1. ［3.または追加］により、$p \vdash p \vee q$
2. 自明に $\neg (p \vee q)$、$p \vdash \neg (p \vee q)$
3. ［5.否定追加］により、$\neg(p \vee q) \vdash \neg p$
4. 似ている方法で、$\neg(p \vee q) \vdash \neg q$
5. ［1.そして追加］により、$\neg(p \vee q) \vdash (\neg p \wedge \neg q)$

接線の勾配を厳密に求める

第4部では、数値計算で$y=16t-4t^2$上の点$P(0.5, 7)$での接線の傾きが12であることを求めました。ここでは、この事実を代数学で見てみましょう。まず点$P(a, f(a))$での微分係数の定義は、次の通りです。

$$f'(a)=\lim_{\Delta x \to 0} \frac{f(a+\Delta x)-f(a)}{\Delta x}$$

僕たちの場合、$f(t)=y=16t-4t^2$なので

$$f'(a)=\lim_{\Delta x \to 0} \frac{\{16(a+\Delta x)-4(a+\Delta x)^2\}-\{16a-4a^2\}}{\Delta x}$$

$$=\lim_{\Delta x \to 0} \frac{16a+16\Delta x-4a^2-8a\Delta x-4\Delta x^2-16a+4a^2}{\Delta x}$$

$$=\lim_{\Delta x \to 0} \frac{16\Delta x-8a\Delta x-4\Delta x^2}{\Delta x}$$

$$=\lim_{\Delta x \to 0} (16-8a-4\Delta x)=16-8a$$

です。aに0.5を代入すると接線の傾きが12で得られます。

上の式だけ見ると、微分は本当に複雑に見えます。しかし、幸いにも数学者たちは多様な微分公式を発見し、ほとんどの関数は簡単に微分することができます。最もよく使われる微分公式のうち3つ

は以下の通りです。

与えられた関数	xに対する微分
x^n	nx^{n-1}
$f(x)+g(x)$	$f'(x)+g'(x)$
$af(x)$（ただし、aは定数）	$af'(x)$

　上記の公式を利用してもう一度$f(x)=16x-4x^2$を微分してみます。1番の規則と3番の規則によって、$h(x)=-4x^2$を微分すると$h'(x)=-8x$であり、$g(x)=16x$を微分すると$g'(x)=16$です[7]。したがって、2番の規則によって$f(x)=g(x)+h(x)$の微分は、$f'(x)=g'(x)+h'(x)=16-8x$です。先ほど解いた長い数式と同じ結果になりましたね！　このような公式がよく知られているおかげで、微分は思いのほか早くて簡単な演算です。

7　$x^0=1$です。

微分積分学の基本定理

　微分と積分が逆演算の関係にあるという事実は、微積分で最も不思議で重要な事実です。どれほど重要なのか、数学者たちはこの定理に**微分積分学の基本定理**という途方もない名前までつけました。微分積分学の基本定理は下記の通りです。

微分積分学の基本定理

積分関数を微分すると元の関数になる。つまり、下記の式が成立する。

$$\left[\int_a^x f(t)\,dt\right]' = f(x)$$

　本当にすごい定理です。微分（導関数）と積分というまったく異なる2つの概念を関連づけるからです。さらに、一般的に微分は積分よりもはるかに計算しやすいです。微分は誰でも1か月くらい費やせば、ある程度まではできるようになるほど簡単です。反面、積分はΣが入るので計算がとても難しいです。しかし、微分積分学の基本定理は、僕たちが積分も微分のように簡単に計算できるように助けてくれます。

　微分積分学の基本定理を厳密に証明するためには、極限に対する慎重な扱いが必要です。しかしこの本は教養書で、教養書のいい点はあえてすべての定理を厳密に証明する必要はないということです。この本では微分積分学の基本定理の簡単なアイデアだけを見ていきます。

次のような関数 f の a から x までの底の広さを $S(x)$ とします。$S(x)$ は、微分積分学の基本定理の左辺の括弧内の定積分と同じ関数です。

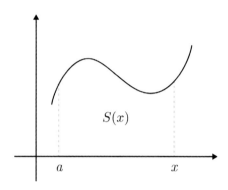

　僕たちの目的は、$S(x)$ の微分が $f(x)$ であることを証明することです。もう一度確認すると、微分の定義は次の通りです。

$$S'(x) = \lim_{\Delta x \to 0} \frac{S(x + \Delta x) - S(x)}{\Delta x} = \lim_{\Delta x \to 0} \frac{\Delta S}{\Delta x}$$

　したがって、$S'(x)$ を求めるためには、小さい Δx ほどの変化に対する ΔS がどれほど変わるか知る必要があります。まず、次ページの図のように x を小さい Δx くらい移動させます。

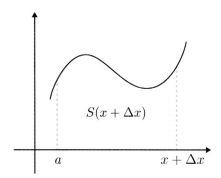

このとき、Sの変化量、つまりΔSは下図に示されただけの広さです。

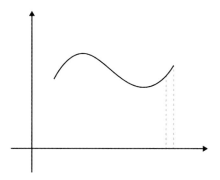

しかし、上の広さは横がΔxで縦が$f(x)$な長方形の広さ、つまり$f(x)\Delta x$で近似することができます。しかも、Δxが小さくなるほど、この近似は少しずつ正確になります。式でまとめてみましょうか？

$$S'(x) = \lim_{\Delta x \to 0} \frac{\Delta S}{\Delta x} = \lim_{\Delta x \to 0} \frac{f(x)\Delta x}{\Delta x} = f(x)$$

どうですか？　つまり広さ(積分)の微分は元の関数です！　これが微分積分学の基本定理の核心的なアイデアです。このアイデアを発見したニュートンは「微分積分学の基本定理を証明した瞬間、心臓が止まるようだった」と当時の強烈な印象を語っていました。

　ここで1つ指摘すべき点があります。今までこの本で紹介した微分積分は本当に浅いレベルです。実際に極限を扱うときは、とても慎重なアプローチが必要です。もし微分積分を慎重に扱わなかったら、次のような矛盾にぶつかることもあります。

　直径が1の円の円周はπです。円周率πの値が約3.14ということは誰でも知っている事実です。しかし、僕がπ=4であると「証明」してみます。まず一辺の長さが1である正方形で始めてみます。この正方形の周囲は4です。しかし、次ページの図のように正方形の角を中に入れても依然として図形の周囲は4です。新しくできた角をまた中に入れても、まだ図形の周囲は4です。この過程を限りなく反復すると…なんと、円になりました。しかし、まだ図形の周囲は4であり、円周率πは4であることが証明されました！

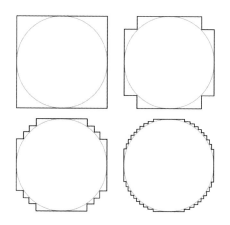

　もちろん、この証明は間違っています。しかし、なぜこの証明が間違っているのかを理解するのはとても難しいです。この証明が間違っている理由を簡単に要約すると「黒色の枠が円に収束しないから」です。でも、この説明は、多くの人を納得させることはできません。2点を通る直線は2点が限りなく近づくほど接線に収束し、長方形の広さの和は長方形をうすく分割するほど関数の下部分の広さに収束するのに、黒色の枠は円に収束しないとは…かなり身勝手ですよね！

　もしみなさんが解析学を勉強するならば、微分と積分は正確な結果を導き出しますが、なぜ上記の矛盾は、間違った結果を導き出すのか厳密に計算できます。しかし、教養数学で扱う知識では、どんな場合に収束してどんな場合に収束しないか指摘する方法がありません。僕が、第1部で数学の厳密性を強調した理由がわかりますか？　厳密ではない定義と論法が少しずつ積み重なると、いつかは上記のような矛盾に直面するからです。

執筆・作画	チェ・ジョンダム（ディメン）
日本語版デザイン	大崎善治（SakiSaki）
校　正	小学館クリエイティブ校閲室
編　集	宗形　康

高校生が書いた

きっと好きになる数学

2023年11月26日　初版第1刷発行

著　者	チェ・ジョンダム（ディメン）
訳　者	小林夏希
発行者	尾和みゆき
発行所	株式会社小学館クリエイティブ
	〒101-0051　東京都千代田区神田神保町2-14　SP神保町ビル
	電話　0120-70-3761（マーケティング部）
発売元	株式会社小学館
	〒101-8001　東京都千代田区一ツ橋2-3-1
	電話　03-5281-3555
印刷・製本	三晃印刷株式会社

ⓒ2023 Shogakukan Creative　Printed in Japan
ISBN 978-4-7780-3593-8

Cheeky Math
Copyright ⓒ2021 Jeong-dam Choi
All rights reserved.
Original Korean edition published in 2021 by Whalebooks.
through Somy Media, Inc.
Japanese translation rights ⓒ2023 by arranged Shogakukan Creative Inc.